致我最亲爱的朋友：

……………………………………………………

图书在版编目（CIP）数据

巴黎女人的时尚经：珍藏版 /（法）德拉弗雷桑热，（法）加谢著；张一乔等译. —2 版. —北京：中信出版社，2015.8（2017.6 重印）
书名原文：LA PARISIENNE
ISBN 978-7-5086-5230-6
I. 巴… II. ①德… ②加… ③张… III. 女性－服饰美学－巴黎 IV. TS941.11
中国版本图书馆CIP数据核字（2015）第 114806 号

Originally published in French as *La Parisienne*
Texts by Ines de la Fressange and Sophie Gachet
Drawings by Ines de la Fressange
Present edition : August 2012
© Flammarion, Paris, 2010
Text translated into Simplified Chinese © China CITIC Press, China 2015
Design :Noemie Levain
Color Separation :Couleurs d'image, Boulogne-Billancourt

All photographs by Ines de la Fressange
and Sophie Gachet, except the following:
Benoît Peverelli p. 25, 27, 29, 31, 33, 35, 37, 41, 45, 49
Kate Reiners p. 180
Spa Nuxe 32 Montorgueil p. 189
Tibo p. 77
Dominique Maître p. 82–83
Raphaël Hache p. 144
Flammarion p. 150
Deidi von Schaewen p. 192
Fabrice Vallon for Très Confidentiel p. 190
All rights reserved p. 76, 81, 84, 89, 90, 97, 102, 103,
147 bottom, 181, 187, 188, 199–202, 204, 222 top, 226
Thierry Chomel p. 222 bottom
This copy in Simplified Chinese can only be distributed in PR of China,
no rights for Taiwan , Hong Kong and Macau.

巴黎女人的时尚经 珍藏版

著 者：[法] 伊娜・德拉弗雷桑热 [法] 索菲・加谢
译 者：张一乔 彭欣乔 蔡宛娜 刘韵韶
策划推广：中信出版社（China CITIC Press）
出版发行：中信出版集团股份有限公司
（北京市朝阳区惠新东街甲 4 号富盛大厦 2 座 邮编 100029）
（CITIC Publishing Group）
承 印 者：上海利丰雅高印刷有限公司

开 本：787mm×1092mm 1/16 印 张：15 字 数：220 千字
版 次：2015 年 8 月第 2 版 印 次：2017 年 6 月第 2 次印刷
京权图字：01-2011-6345 广告经营许可证：京朝工商广字第 8087 号
书 号：ISBN 978-7-5086-5230-6/G・1207
定 价：128.00 元

版权所有・侵权必究
凡购本社图书，如有缺页、倒页、脱页，由发行公司负责退换。
服务热线：010-84849555 服务传真：010-84849000
投稿邮箱：author@citicpub.com

# LA PARISIENNE

巴黎女人的时尚经

珍藏版

# LA PARISIENNE

## 巴黎女人的时尚经 珍藏版

### 超级名模伊娜·德拉弗雷桑热的风格心法

著·绘：伊娜·德拉弗雷桑热（Ines de la Fressange）
合著：索菲·加谢（Sophie Gachet）
摄影：宁讷·杜雨索（Nine d'Urso） 伯努瓦·皮佛瑞利（Benoît Peverelli）
译者：张一乔 彭欣乔 蔡宛娜 刘韵韶

Contents

# PART 1

# 穿出巴黎风

# 1. 巴黎女人的时尚基因

你不必生在巴黎，也可以拥有巴黎女人的时尚魅力——来自法国南部海边小镇圣特罗佩（Saint-Tropez）的我就是最好的例子。所谓的巴黎时尚是一种态度，一种心境。巴黎女人融合了摇滚客的叛逆与浮华族的世故，永远引领风骚。她们拥抱时尚却绝不盲从，懂得轻巧地避开流行陷阱。巴黎女人是怎么做到的？她们吸取流行精华，再用自己的方式展现，最高指导原则为：流行应该是件有趣的事。对于时尚，巴黎女人自有一套黄金法则，但偶尔也会小小越界，因为出其不意也是她们的风格之一。在此我归纳出六大重点，带领大家破解巴黎女人的时尚基因密码。穿出巴黎范儿，就是这么简单！

## 套装出局

**成套的装扮是种罪恶，混搭才是王道！**巴黎女人的造型重点是混搭不同的风格和品牌，巧妙打造兼顾时髦与预算、让人眼前一亮的巴黎风情。比起抄袭T型台上的模特儿，巴黎女人宁愿多花心思挑选一只别致的古董皮包，配上质感好的开司米毛衣。巴黎女人，不会局限在同一家店里选购成套的上衣和裙子，道理很简单：拒绝整套埋单、不断增添新意才叫时尚。

## 挥别闪亮

**左岸万岁！塞纳-马恩河左岸的巴黎女人，走到哪里都是目光焦点，与众不同。**她们游走于圣日耳曼-德佩（St.-Germain-des-Prés）街道上，回避所有金闪闪的事物，拒绝奢华装扮，炫目珠宝和名牌符号全都看不上眼。真正的巴黎女人不会为了钓金龟婿而打扮，更没兴趣花大把钞票追逐名牌炫耀。她追求风格，讲究质量。巴黎女人对奢华的定义，来自品牌对品位的保证，而不是刺眼的价签。

## 热爱尝鲜

**巴黎女人热爱发掘新品牌，**特别是有创意、价格又友善的东西。她们会热烈讨论在大卖场里抢到的好货，巴黎女人爱死了 Monoprix（法国知名的平价连锁卖场），却不愿意争先抢购 It bag[①]，特别是那种要排队预订的（真受不了）。巴黎女人的衣橱里聪明地结合了各种低价或平价的款式，以及旅行时买的衣服和极少量的精品。人们很难辨识她的牛仔裤或丹宁布外套来自 Gap（盖普）、Notify（诺提凡）、H&M（海内斯默里斯）或是 Hermès（爱马仕）。她不会掏光薪水去买一个当季“必败”包，一来是因为负担不起，二来是对自己的时尚品位深具信心：干吗花大把钞票买一个自己也设计得出来的包包？巴黎女人相信自己永远走在时尚前沿，所以从不在乎最新潮流（人们却总是能从她的服装配饰上一窥当季风尚）。这正是巴黎女人的魅力之一。

① It bag 不是“它”包，而是“一定要拥有的包”。It 是 inevitable，“不可避免”的意思。——编者注

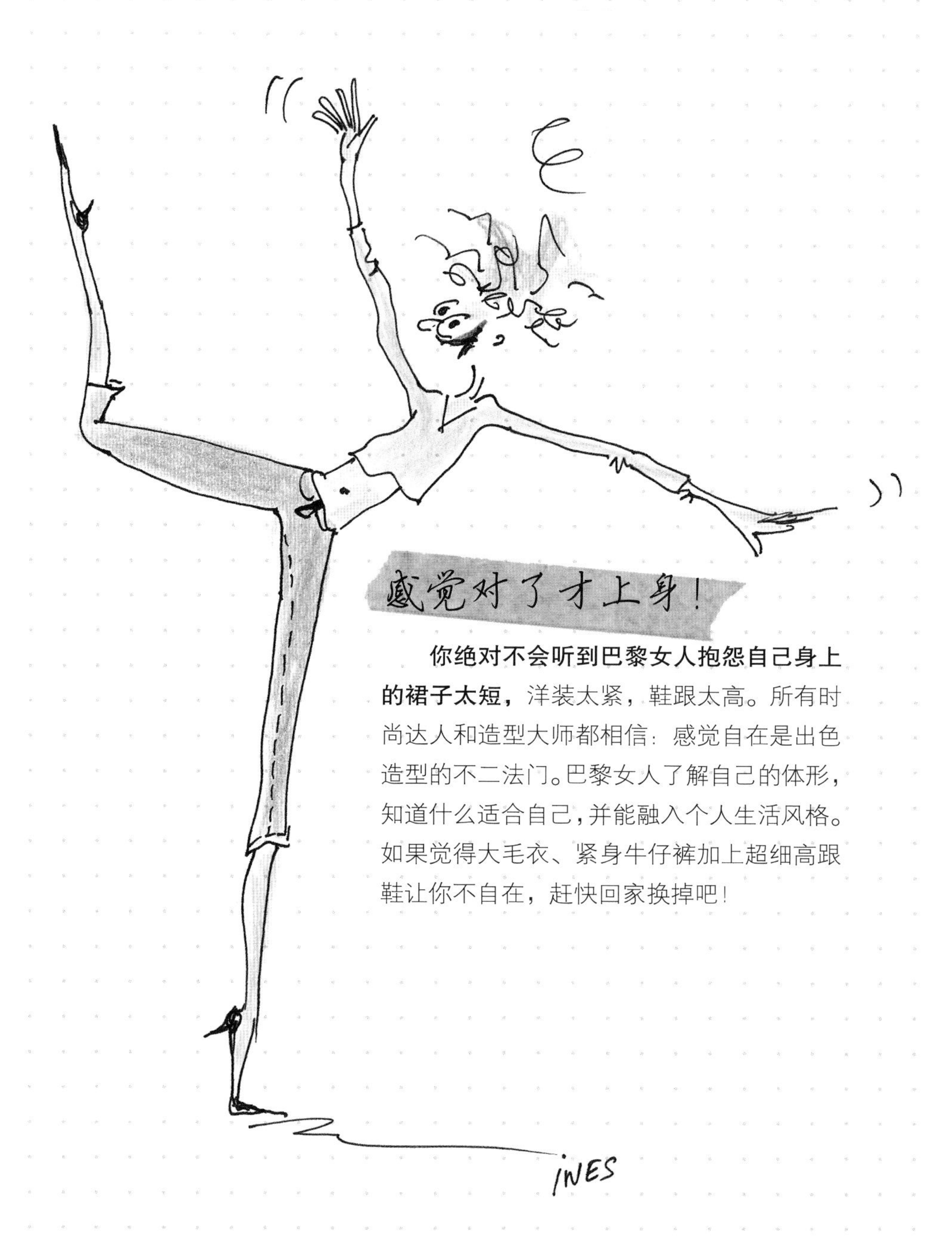


## 感觉对了才上身！

**你绝对不会听到巴黎女人抱怨自己身上的裙子太短，**洋装太紧，鞋跟太高。所有时尚达人和造型大师都相信：感觉自在是出色造型的不二法门。巴黎女人了解自己的体形，知道什么适合自己，并能融入个人生活风格。如果觉得大毛衣、紧身牛仔裤加上超细高跟鞋让你不自在，赶快回家换掉吧！

## 拒绝偶像崇拜

**巴黎女人没有偶像，**因为她自成一派（不过私底下她还是很迷简·伯金与她的女儿夏洛特·甘斯布自然简洁的穿衣风格，比如灰色的开司米毛衣+牛仔裤+匡威球鞋或古董靴）。此外，巴黎女人也会欣赏自己超级有型的闺中密友，认同好友独到的装扮，以及随着年龄变化风格、永不过时的智慧。她欣赏的偶像或许不是众人皆知——事实上越少人知道越好。就像顶尖设计师一样，她总能从街头行人的服装打扮中汲取灵感。

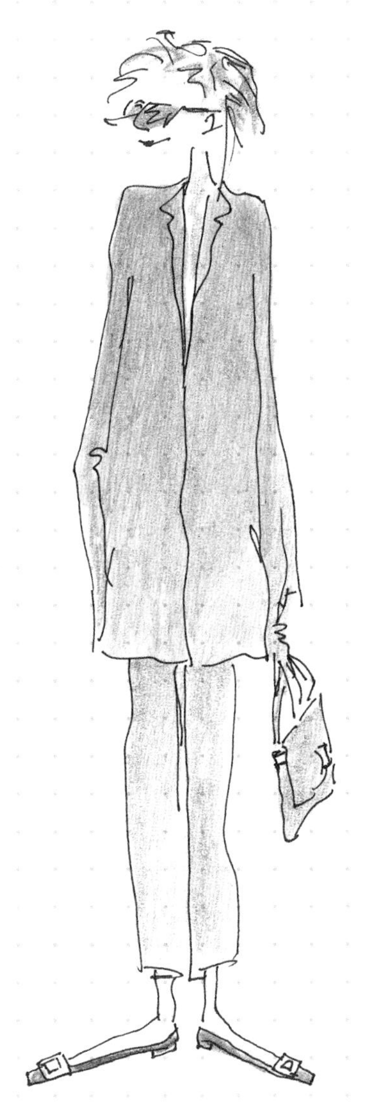

## 勇于与众不同

**谁能想到黑与深蓝居然是绝配，**直到设计师伊夫·圣洛朗大胆地打破陈规，带领我们体验前所未有的美丽。现在，这两种过去觉得不可思议的色彩组合，早已成为优雅晚装的必备元素。要有勇气从流行教条中解放出来，有些成规天生就是用来被打破的，当然，也包括本书教你的事。想要穿橘红色洋装配黄色鞋子就放胆去做吧！说不定哪一天，所有人都会学你这装扮。时尚就是要不断求新求变才有趣啊！总有一天巴黎人会宣布超短热裤、豹纹飞行夹克和铆钉平底鞋是继切片面包之后最棒的选择。做好准备吧！

# 血拼指南

→**谁敢大声说，自己从没有过想要买件亮片洋装**或是荷叶裙的冲动呢？许多诱惑很难抗拒，但还是得有所坚持。关于采购的艺术，巴黎女人遵从的守则是：以清醒的头脑，面对令人眼花缭乱的选择，让衣橱里永远没有自己不会穿的衣服。

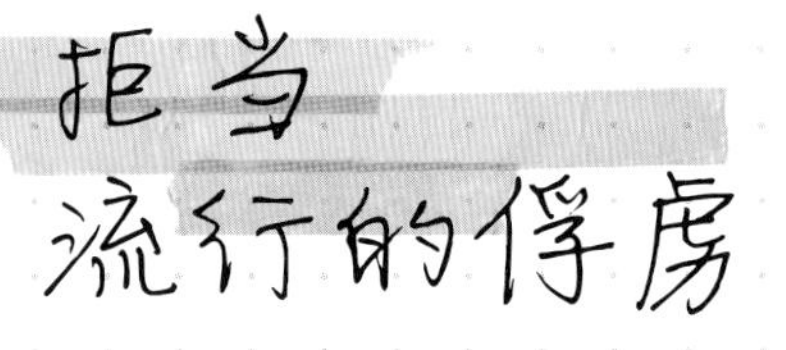


## 先想一想

✱ **记得永远先问自己：**如果买了这一件，今天晚上会穿吗？如果答案是否定的，或认为“在家穿也好”，“先买了再说，等到有派对时穿”之类，不要犹豫，赶快闪人，离开那家店。

## 听听店员的建议

✱ 没错，店员在意的永远是业绩，但他们往往也是最了解商品的人，能快速找到适合你的款式。这本来就是店员的工作。另一方面，小心那种称赞你看上的都是“本季最热门款式”的店员。巴黎女人最恨撞衫，比起 T 型台上的模特儿穿了什么（她会说自己从不看这些），她更在意东西是不是适合自己。

## 参与但不盲从

✱ 巴黎女人讨厌一窝蜂地跟流行，但眼睛可没忘记注意什么正在风头上。保持风格独一无二的秘诀在于不盲目追随，即使豹纹当红，也不会穿得像是刚逃出动物园。对她来说，一只豹纹或斑马纹的人造皮手包更能展现自己的女性风采，而不是和满街的人一起与豹共舞。

## 别买“杰作”

✱ “好可爱啊，这么漂亮，真是件杰作！”我们总会买下几件这样的衣服，因为它们是如此美丽，颜色悦目、做工考究。我们爱的是这件衣服，而不是它穿在自己身上是不是更好看、能不能为我们加分。买衣服时，一定要考虑它能不能和衣橱里的选项搭配。在灯光的衬托下，橱窗里的衣服总是闪闪动人，可别以为这就值得下手。保持清醒，才不会因为染了红铜金发就想买橘红色外套，或是败下一条自己缺乏美腿与之相配的银色荷叶边短裙。认清时尚的局限，也是一门学问。

## 把钱花在刀刃上

✱ 妥善分配采购预算：一半投资质感好的基本单品，另一半随意购置能为衣橱增添新意的服装配饰（如皮带、包包、夸张的首饰等）。即使预算有限，还是有很多方法好好打扮。你会发现自己需要的并不多：几件质感好的毛衣、一件西装外套和一件大衣就够了，重质不重量。还要学会剔除不重要的品项，总是对自己说“这件可以留着以后粉刷房子时穿”是行不通的。把不再穿的衣服捐出去，很多慈善机构都能帮忙找到有需要的人。可以确定的是：选择较少、井井有条的衣橱，能让我们轻松展开每一天。

# 学会混搭

→ **千万别从头到脚穿成一套！** 巴黎女人大声疾呼这个主张：追求独树一帜的时尚（带点儿唱反调的味道）是她的嗜好。两三个看似古怪的细节，组合起来却可以创造惊人的效果。但混搭可是得冒点儿险的，成功与失败之间往往仅有一线之隔。然而巴黎女人就是有办法从大大小小的流行灾难中，找出一条通往胜利的风格大道。她们知道，小心翼翼地遵循许多规则只会让自己缚手缚脚。切记别像老派贵妇般，从头到脚搭配成套。如何打造与众不同的巴黎混搭风，右页是我的 10 点建议（冒险指数依序递增）。

牛仔裤搭配镶宝石的凉鞋

（不要搭配球鞋）

直筒裙搭配平底芭蕾舞鞋

（不能有鞋跟）

亮片毛衣搭配男款西装裤

（不要搭配裙子）

钻石项链搭配白天穿的牛仔裙

（别用来搭配晚上穿的黑色洋装）

休闲鞋配短裤，穿袜子也无妨

（搭配休闲长裤时一定要穿袜子）

式样简单的露趾凉鞋搭配晚礼服

（别选择镶宝石或水钻的款式）

4 珍珠项链搭配摇滚风T恤

（不要配剪裁简单的连衣裙）

雪纺印花洋装配骑士风短靴

（不要配新买的平底芭蕾舞鞋）

2 燕尾款西装外套搭配球鞋

（不要配女性化的细跟高跟鞋）

晚礼服配草编包

（不要配金光闪闪的手包）

# 不着痕迹的时髦

→**所谓“不着痕迹的时髦”，还是要小小地花点儿心思。**你需要的是满满的自信……还有笑容（笑容是最好的武器）。除此之外，当然还有一些能帮助你不费吹灰之力（至少看不出来）就很时髦的秘方。以下是我的私房招数。

* 试着用**羊毛短外套**搭配晚礼服。相信我，披肩太老套，千万不要那样穿。即使是走红地毯的好莱坞明星，也都已经放弃了披挂上阵。开襟小外套同样出局，用开司米毛衣搭配亮片洋装，才是独树一帜的巴黎风。

* 到 H&M 的**男装**部门采购。

* **混搭**精品与街头风服饰。下身穿剪裁考究的合身长裤，搭配细致柔软的棉质T恤（年轻女生可以试试印花款式）。你不必在奢华风或休闲路线间取舍，而是可以两者兼备，加倍有型。

* 雪纺印花洋装搭配**军装外套**。

* 一次系**两条围巾**，或叠穿两件T恤、外套甚至系两条皮带。多层次搭配法，可让衣橱里平淡无奇的单品蜕变成造型焦点。

* 一件式样简单、**辨识度高**的饰品。巴黎女人很崇拜改嫁成为船王夫人后的杰奎琳·奥纳西斯：白长裤、黑色T恤、露趾凉鞋和超大太阳镜：时髦、有型而且容易效法——你还在等什么？

## 全球通行的造型黄金法则

穿阔腿裤或圆裙时，
必须搭配合身的上衣；
反之，宽松版上衣应该
搭配剪裁合身的裤或裙装。

* 从衣橱里翻出年代久远的牛仔外套搭配丝质上衣，或是休闲T恤下搭剪裁出色的长裤，这种高反差的搭配方式，可以瞬间碰撞出令人玩味的另类风格。带有奢华感的丝质上衣，躲在粗犷的牛仔外套下，看似不经意其实别有心机。太过费力的造型一点儿也不酷：大家都知道，巴黎女人会买回成堆的时尚杂志，努力揣摩每一季的潮流，却从不承认自己偷偷练功（她可能会边买这本书边告诉身边的朋友是要送人的）。

* 如果穿腻了衣橱里的旧款式，试试染成深蓝，给它们改头换面的机会（不过如果原本已是深蓝色，那就省省吧）。

* 若有朋友到印度旅游，请他们帮忙带几件当地的手工刺绣上衣，最好各种颜色都来一件。将它们穿在开襟羊毛衫里，再加上珍珠项链，让学院派碰撞民族风。

* 添购黑色丝绒骑士夹克，越合身越好，或是经典的法式靛蓝工作服，一样越合身越好。

* 搜购老式男用围巾，用来搭配所有衣物。

* 多逛旧货店，那里的战利品和古董衣饰搭配起来效果很棒。

* 偷穿青春期儿子的衬衫，里面搭配有拢胸提升效果的文胸（别再害羞藏私）。

* 穿什么都可以在腰间系条男用皮带，而且越旧越好，多余的长度随意打个结就好。

* 大胆尝试穿各种颜色的开司米及膝袜（卡其色、红莓色、土耳其蓝）。

* 把穿在毛衣里的衬衫袖子拉出反卷起来，有种悠闲的时尚感。

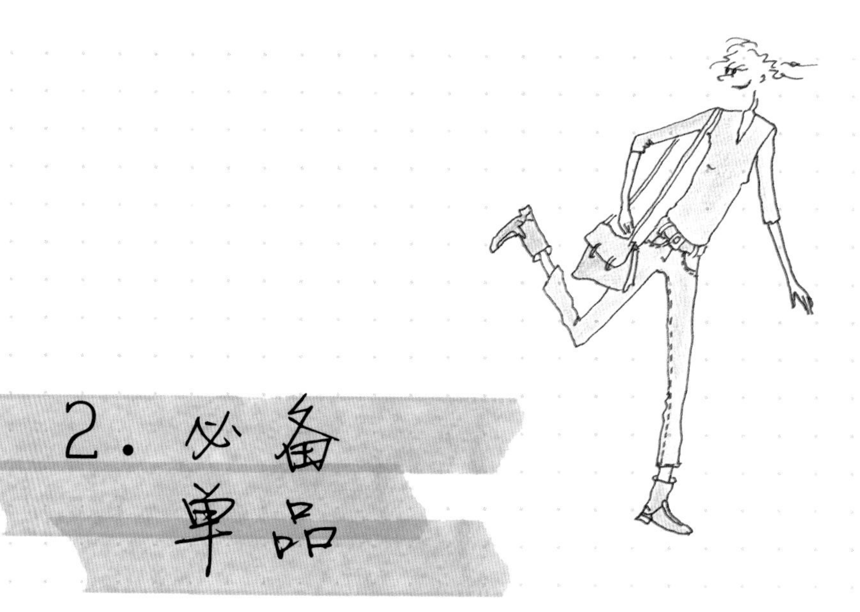
2. 必备
单品

几件质感好、剪裁出色的单品，是打造出色造型的关键。巴黎女人走的是简约风（嗯，多半是啦）。要建立这种风格，你的衣橱里得要有“关键7件”：西装外套、风衣、深蓝色毛衣、背心、黑色小洋装、牛仔裤和皮夹克。备齐这7件单品，接下来就要看个人的搭配功力。怎么样混搭这些基本单品才能呈现多样风格呢？应该避免哪些搭配问题？接下来就让我为你揭示“巴黎风”的造型秘诀。

# 西装外套

## 造型重点

✱ 要刚中带柔，切忌过度男性化。你得知道如何让自己更有女人味儿。

## 造型巧思

✱ 系条皮带。

✱ 将袖子上推或卷起，创造“随意的时尚感”，袖子内里有图案的话效果更好。

✱ 白天可以搭配长裤，颜色最好与外套成对比，牛仔裤是永不出错的选择。

✱ 晚上可搭配同色系长裤（黑加黑是永不出错的组合）。

✱ 搭白衬衫，松开几颗扣子，营造一种低调的性感，也可以搭配蕾丝或丝质小背心，更有女人味儿。

## 时尚禁忌

→ 迷你裙不适合搭配男款西装外套——太女性化的线条破坏了外套的中性质感。

→ 绝对不要尝试有垫肩的宽大西装外套，一定要是合身的窄版剪裁。

## 名人风格

深蓝色的西装外套搭配雪纺上衣加上白色的牛仔裤，一种简单利落的风格，适合每个人。

## 时尚经典

Yves Saint Laurent（伊夫·圣洛朗）的男士礼服。穿着方式与男性一样，但里面搭件文胸即可。当然不是每个女人都消费得起大师作品，但从这种造型热门的程度，可以去看平价连锁品牌早已大量生产“复制版”，谢啦！

# 风衣

## 造型效果

就像是你的第二层皮肤，好像从来没离身过。

## 造型巧思

* 先卷起风衣的袖子，再把领子弄皱，化解严肃感。

* 千万别像中学女生一样，老老实实地扣上腰带环。随意在腰间打个结，让扣环自然垂下，才是地道的法式低调时尚（法国人总觉得“人生苦短，别浪费时间了”或“腰带扣环坏了，但我就是爱穿这件风衣”）。

## 时尚禁忌

→ 风衣源自军装造型，所以穿在身上要避免过分强调衣服的“刚硬”气质。

→ 千万不要搭配长裙，你应该不想让自己看起来像座雕像或是西洋棋子吧！

→ 避免过分正经的造型，譬如两件式毛衣配窄裙，珍珠项链加发圈（明白宣示：我很无趣）——除非你是想要装成熟的 16 岁少女。

→ 拒绝聚酯材质。

## 名人风格

风衣是保证百搭的单品，不管配牛仔裤、西装裤还是黑色小洋装都不会出错，你能穿着它搭配各种衣物、出席所有场合。

## 经典品牌

Burberry（巴宝莉）是经典中的经典，但是除了这家百年老店，其他很多牌子也有类似的款式，除了没有这个品牌经典的格纹内衬外，外观上其实没有太大不同，穿起来都很好看。

# 深蓝色毛衣

## 造型重点

* 感觉清爽，也不会过分保守，优雅的深蓝色毛衣比普通的黑色毛衣得体（说实话，有时候黑色毛衣看起来真的很普通）。

## 造型巧思

* 与白色牛仔裤构成绝对完美的组合。

* 搭配黑色长裤时髦有型，向伊夫·圣洛朗致敬。

* 搭配平底鞋，休闲中不失潇洒。

* 晚上可以配高跟鞋，手腕再戴几只印度手镯（但要避免过分闪亮）。

## 名人风格

白色牛仔裤+深蓝色V领毛衣+高跟凉鞋+皮夹克。

## 关于面料

当然是开司米羊毛。太贵了？买不起？谁说的？巴黎人会趁着连锁店折扣的时机下手，对自己从各地Monoprix分店买到的开司米毛衣津津乐道。一分钱一分货，质量好的开司米毛衣不但耐穿经洗，而且永不过时。

## 时尚禁忌

→深蓝色毛衣基本上零风险，除非你搭黄色的衣服（这样看起来有点儿像是某个瑞典家具品牌的配色）。

## 经典品牌

深蓝色毛衣永不过时。Éric Bompard（爱瑞邦德，www.eric-bompard.com）的毛衣几乎被公认为巴黎人的必备单品，就像纽约人穿Gap、东京人穿Uniqlo（优衣库）一样。

# 背心

## 造型重点

气质优雅的最佳女配角。内搭外穿都好，适合所有造型。

## 造型巧思

可以搭配短裤、牛仔裤甚至裙子（特别是印花裙）。

加上一条质感好的项链。

内搭在男士礼服或西装外套里。

## 怎么选择颜色？

黑、灰、白、深蓝和卡其，把握简单的原则。不要选择过于鲜艳的颜色，譬如红或墨绿。这些颜色很抢眼，穿去海边玩的时候，孩子一定找得到你，但也只有这个效果而已。

## 时尚禁忌

→不要穿肉色的背心，谁希望看起来像没穿衣服？

→印花背心也不行，太招摇了。

## 名人风格

白色背心＋米白长裤＋西装外套＋高跟凉鞋。

## 经典品牌

当然是 Petit Bateau（小船）！这个法国人最爱的睡衣品牌，除了睡衣还有很多基本单品，设计和质感都是一流的。巴黎女人的衣橱里一定会有这个牌子的休闲服。如果喜欢紧身、修长的效果，可以选择穿童装尺码（16岁以下）。或者试试背心里的劳斯莱斯——来自美国的 Abercrombie & Fitch（阿贝克隆比费奇），剪裁漂亮、修塑身形效果好，而且洗过也不会变形。

# 黑色小洋装

## 黑色小洋装不可不知

* 黑色小洋装指的不是某种特定款式的服装，而是一种抽象的装扮概念。每个女人都在寻找自己专属的黑色小洋装，它没有一定的样式，全看主人怎么演绎。你可以像法国歌后埃迪斯·皮雅芙一样总是穿着剪裁简单的黑色小洋装，双手叉腰、手指贴在腰际的形象充满了自信；或是像意大利新浪潮电影时代知名女演员安娜·玛尼亚尼一样一身黑色小洋装，一副眼眶含泪的凄楚模样。每个女人心目中都有自己最爱的黑色小洋装代言人。

* 就像牛仔裤一样，每个巴黎女人的衣橱里一定有好几件黑色小洋装，每件都有特定的主题。大家都知道，不管面对的是哪种场合、国度、季节，在什么时间、和怎样的男人在一起，黑色小洋装总是能解救我们……为什么呢？

* 因为黑色小洋装是完美融合性感与优雅的象征。

## 造型重点

简单、简单、再简单……散发优雅的气质。

## 名人风格

夏天时可以搭配 Persol（佩尔索）在 1980 年出品的黑色宽边太阳镜与黑色平底芭蕾舞鞋。冬天时加上一副长手套，就可以站在巴黎平价珠宝店 Tati Or（塔蒂金）外的人行道边享受早餐，就像电影《蒂凡尼的早餐》（*Breakfast at Tiffany's*）里的奥黛丽·赫本一样。

## 经典品牌

突然间你发现就是它了，就在眼前的架子上，是一件只属于你的黑色小洋装。每家服装店里都有一件这样的衣服，等待着成为某个女人衣橱里的终极武器。

# 完美牛仔裤

## 造型重点

过去，我们只有 101 种牛仔裤，穿来穿去都是一个样子。现在，牛仔裤越来越有意思：浅蓝、深蓝、黑色、白色，可以随着季节，看你的心情，自由搭配。

## 最棒的裤型

* 在牛仔裤的战场上，没有什么裤型是常胜将军。每隔一段时间，时尚界就会来场牛仔裤款大风吹，最近的潮流在紧身和阔腿之间摇摆。虽然如此，直筒裤绝对是经典必备单品。巴黎女人偏爱搭配性强的款式。我个人偏爱低腰的剪裁，但这和体形有关。

## 最棒的颜色

* 浅蓝、水洗色和深色系都是四季好搭配的选择。一定要有条黑色牛仔裤，可搭配白色，增加明亮感。在此之外，就看你的选择，可以自由组合喜欢的色彩。别忘了也来条靛蓝牛仔裤，是免洗款式的好选择。

## 穿牛仔裤的禁忌

* 几乎没有失败的可能，牛仔裤有点儿像盐，搭什么都没问题。

## 白色牛仔裤怎么穿？

* 谁说白色只属于夏天？我个人非常推崇冬天穿白色牛仔裤配深蓝色毛衣和平底芭蕾舞鞋。到了晚上，再加件镶亮片的灰色外套，出色又优雅。

## 名人风格

旧牛仔裤＋男士礼服＋系带漆皮鞋＋印花图案围巾。

## 经典品牌

讲到牛仔裤，最经典的就是穿在你身上最好看的那一款。

# 皮夹克

## 造型重点

皮夹克是帮你摆脱平淡造型的利器。

## 造型巧思

* 搭配雪纺纱洋装，可以避免像是要去参加“花园聚会”。

* 冬天时穿在大衣里面，为极端优雅的造型注入一股摇滚气息，即使露出皮夹克里的毛衣也无所谓。

* 搭配珍珠项链，创造冲突美感的极致范例。

* 皮质越旧越好，有点儿损伤更棒。如果你刚买了件皮夹克，先压在床垫下睡上几晚，或者干脆踩一踩。也可以直接买二手货，才不会心疼到睡不着。

## 时尚禁忌

→ 千万别搭配骑士短靴，我们可不是西部英雄马龙·白兰度。

## 名人风格

皮夹克＋白色牛仔裤＋丝质上衣＋高跟鞋。

## 经典品牌

完美的皮夹克应该具备合身的剪裁、可收紧的袖口与两个口袋。你会在意想不到的地方找到最适合自己的那一件，我的是在巴黎设计师品牌Corinne Sarrut（科琳娜·萨吕）打折时买到的，原皮褐色永远是最有品位的选择。

# 3. 画龙点睛的配饰

巴黎女人擅长运用出色的单品打点造型，因此配饰就成为个人风格的关键。配饰不挑体形、不管高矮胖瘦，是各种身材都能轻松搭配的好东西。懂得投资质地好的配饰，就可以拥有多买几件平价服装的预算——不会有人发现的，看看配饰有多重要！

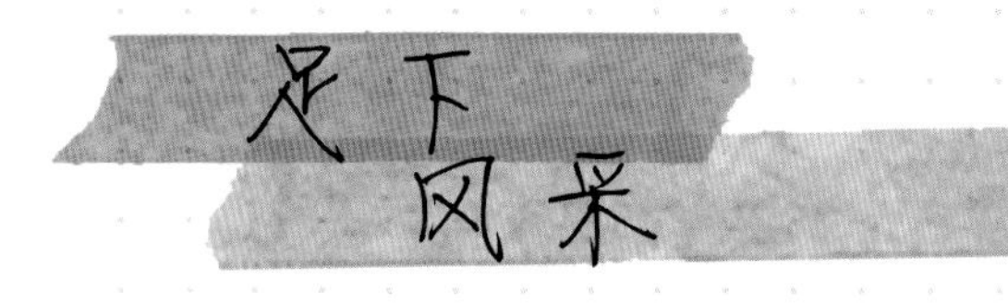

# 足下风采

鞋子泄漏了女人内心不为人知的秘密：我们想要成为谁。这也说明了为什么有些女人会买下自己永远不会穿的鞋子。我们对鞋子的爱就像对包包一样——尽管已经拥有许多，却还是忍不住想买新的。因为我们知道，简单的一双鞋子能够为女人的整体造型带来多大的改变。

**小贴士**

万中选一的美鞋，
胜过满屋子
不怎么样的衣物。

## 高跟鞋不可不知

很多女人认为高跟鞋让她们看起来更美，事实却完全不是这样。随便找个男人问问，没有人会说：“如果能再高 4 英寸，我会更爱你。”别忘了，很多女人穿上高跟鞋完全不会走路。没有比一拐一拐地蹬着高跟鞋更糗的画面了，又怎么性感得起来呢？像猫儿一般轻巧的步伐才叫性感，而不是重心不稳，仿佛随时都会跌倒的样子。我认识一些女孩，在还没踩稳 8 英寸鞋跟前便想出门亮相，结果落得拄拐杖的命运。记住，先在家好好练习。

# 巴黎女人的鞋柜必备……

## 平底芭蕾舞鞋

我推荐店面设在意大利米兰的E. Porselli，现在在法国的品牌服饰APC（www.apc.fr）或巴黎的SAP（萨普，106, rue de Longchamp Paris 16$^{e}$）店中都买得到。如果你和我一样高，也厌烦了老是被问："长这么高还要穿高跟鞋吗？"最后一定会走到哪里都穿平底芭蕾舞鞋。令人开心的是，市面上有各式各样、适合各种环境的平底芭蕾舞鞋。白天选择金色，晚上则穿黑色麂皮款，看起来都很优雅。不管是长裤还是洋装，什么衣服都好搭。如果你只能选一双鞋来买的话，那就是它了。

## 露趾凉鞋

夏天不穿凉鞋怎么行？对法国人来说，最好的选择是Rondini（龙迪尼，www.rondini.fr）的手工缝制凉鞋，过去只在圣特罗佩才找得到，幸运的是，这个牌子开设了网络商店，上网也可以订购。K. Jacques（K.雅克，www.kjacques.fr）的露趾凉鞋也是不错的选择，这个品牌同样来自圣特罗佩，并在巴黎设有分店（16, rue Pavée, 4$^{e}$）。不过巴黎女人还是认为亲自南下在圣特罗佩买到的最好。别忘了，谈到品牌，她们是严重的偏执狂。

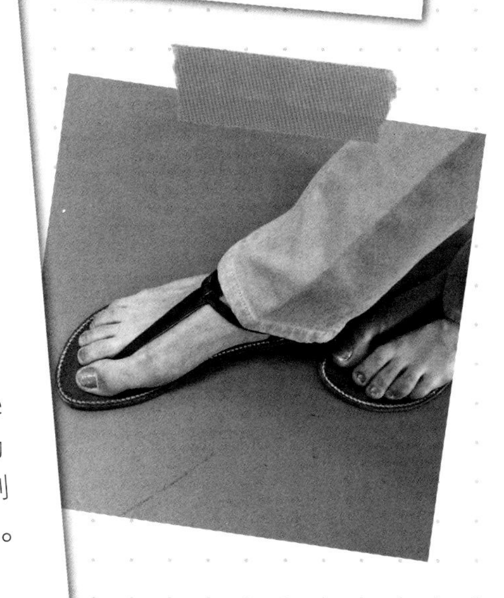

## 黑色高跟鞋

一双好的黑色高跟鞋，绝对是值得投资的单品，可以穿一辈子。流行的款式瞬息万变，或圆头或尖头，尽量挑选经典中的经典（不会过尖或过圆），让你可以穿许多年，无须时时寻觅当季最新款。

## 乐福鞋 (Penny loafers)

必备基本款，但要小心搭配，切记别让自己看起来像书呆子。切记别搭百褶裙（这年头还有人穿这种裙子吗？）。试试在休闲鞋里面穿上厚袜子，再搭配及踝九分牛仔裤，不要忘了在鞋面上的开口处塞一枚硬币求好运。就是这么简单！

## 长靴

靴子不管配裙子还是洋装都很好看，35 岁以下的女性甚至可以搭配裤袜加短裤。冬天的时候，及膝长靴跟平底鞋一样重要。不管选择黑色还是棕色，最好挑选类似于骑士马靴的真皮靴。我知道有些巴黎女人甚至会到马术用品专卖店定做马靴。

# 秘密就在包包里

→包包是巴黎女人造型风格的核心。它可以让我们过得更轻松（譬如附有特别设计的收纳口红、手机的内袋，可勾放钥匙的吊环，甚至内附小手电筒），或是陷入混乱的地狱（一个没有内袋设计的大水桶包，找什么都要捞半天，就连小猫不小心掉进去了，母猫也得费一番工夫才能把它叼出来吧）。选择正确的款式是件非常重要的事情。巴黎女人靠的是一股冲动，而不是因为有人告诉她这一季该背什么款式。她对当红的It bag没什么兴趣，宁可多花时间找到属于自己的风格。

### 小贴士

手工草编包胜过高仿名牌。即使仿到几可乱真，假的还是假的。

很难说选择包包有什么时尚禁忌（背包、香蕉形状的怪异包和腰包不在讨论之列）。

从动物毛皮纹到火红色泽，各种可能性都有。

30岁之前，千万别尝试鞋包同色搭配，除非你想要自己看起来老10岁。

# 时尚必备5款包

## 大型托特包

值得托付的好朋友。下班后如果还要赴约，可以在大容量的托特包内放一个手包，下班后，把托特包留在公司，拿出手包轻松续团！

## 手包

晚间必备配饰，如果容量够大、材质柔软的话，白天也适用。手包是为简单装扮增添风采的利器，特别是饰以刺绣、珠宝，或选用奢华材质，有“手工定制感”的款式。

## 书包

可以轻松背出休闲自在的味道，和令人眼花的 It bag 相比，保证耐看又实用。

## 淑女包

硬挺、色调中性（黑色、棕色和大地色系）的淑女包，是看尽流行浮沉，始终拥有一席之地的经典包款。巴黎女人会说自己身上背的淑女包来自祖母，但大家都知道，那是她跑去 Hermès 定做的。

## 草编包

夏天必备包款。法国性感偶像布里吉特·巴多到圣特罗佩度假时只背草编包。即使不出城度假，巴黎女人也喜欢拎着草编包到处跑。草编包给人轻松悠闲的感觉，是最适合夏天的时尚配饰。

# 钻石是女人最好的朋友

## 时时刻刻都闪亮

谁说钻石只能晚上戴？我有一条奶奶送的项链镶满了钻石，经常在白天搭配简单的T恤，如果有人问起，便回答是人造宝石（有时候我也会戴人造宝石，其实现在的人根本分辨不出来）。

### 小贴士

别把订婚戒指、结婚周年戒指，还有挂着代表自己4个小孩的幸运吊饰手链，全都戴在身上。

最美丽的首饰是你的结婚戒指。比起造型夸张、做工精致奢华的首饰，简单利落的造型更好，像是单颗宝石的样式，或是Marie-Hélène de Taillac（玛丽－埃莱娜·德塔亚克，www.mariehelenedetaillac.com）的碧玺项链。

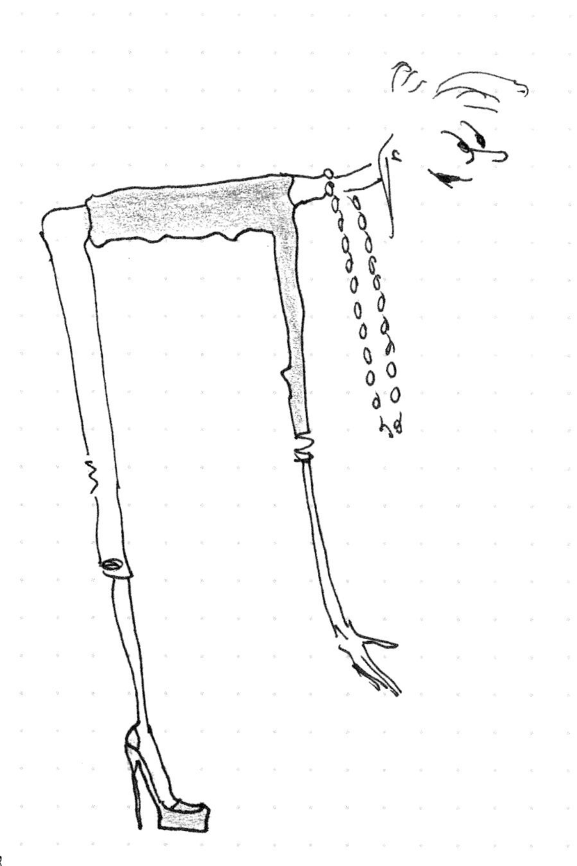

# 保证出色的5件配饰

## 古董耳环

绝对经典，永不过时（因为它们已经好几百岁了）。不论昼夜场合，都能为你的造型加分。此外环状耳环也是不错的选择。

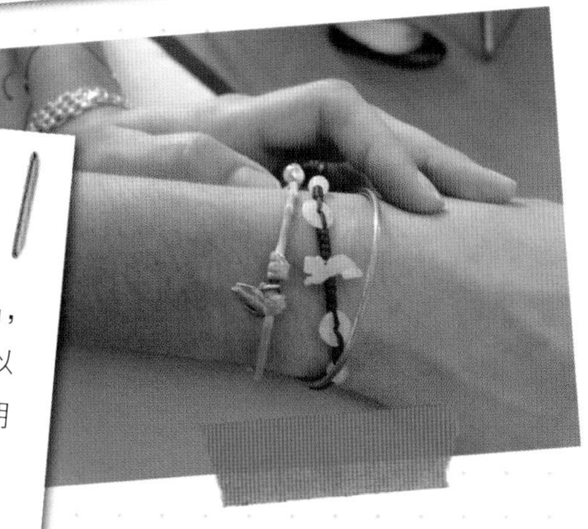

## 幸运手链

特别是出产自印度的饰品，让你可以对朋友说："我可以告诉你店家的地址，但这是朋友帮我从印度带回来的……"

### 万万不可

造型夸张的项链和超大耳环的组合注定是场灾难，除非你不介意看起来像挂满礼物的圣诞树。真的想要混搭饰品，请挑选精致且有冲突感的设计。

## 男用手表

大表盘的男士手表配上开司米毛衣、牛仔裤和匡威帆布鞋，是非常性感的装扮。若是搭配男士礼服外套或黑色小洋装，另有一种性感。

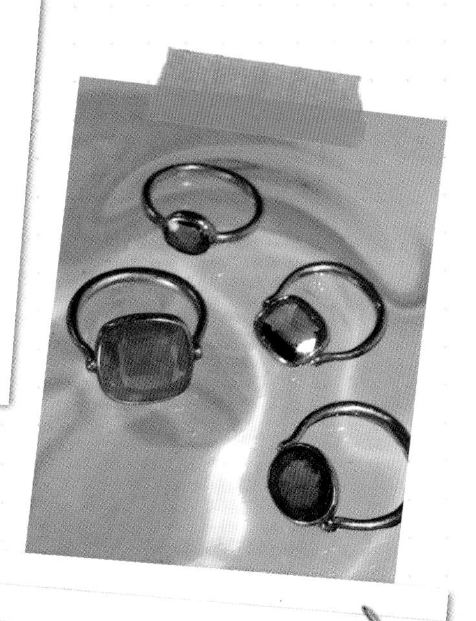

## 彩色宝石戒指

镶着全宝石或半宝石的黄金戒指是经典中的经典。有些人说不同宝石有不同的磁场，可以加强我们的能量。譬如玉髓能安定心神，黄水晶可以提供能量，橄榄石则能驱邪避凶，让人心情愉快。我很喜欢这种佩戴珠宝能让生活更美好的想法。

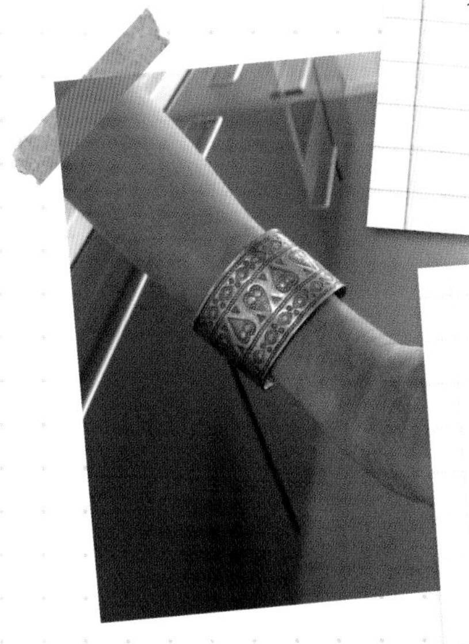

## 宽版手环

造型抢眼的手环永远是吸引目光的焦点。戴一把细镯子也是不错的尝试。

# 4. 造型急救站

穿什么？何时穿？

面对临时的邀约，像是晚餐、婚礼，或到乡下度周末，该怎么穿呢？时间有限，于是巴黎女人打开衣橱，要在5分钟之内改头换面。一起来看看她面对不同场合的造型秘诀。

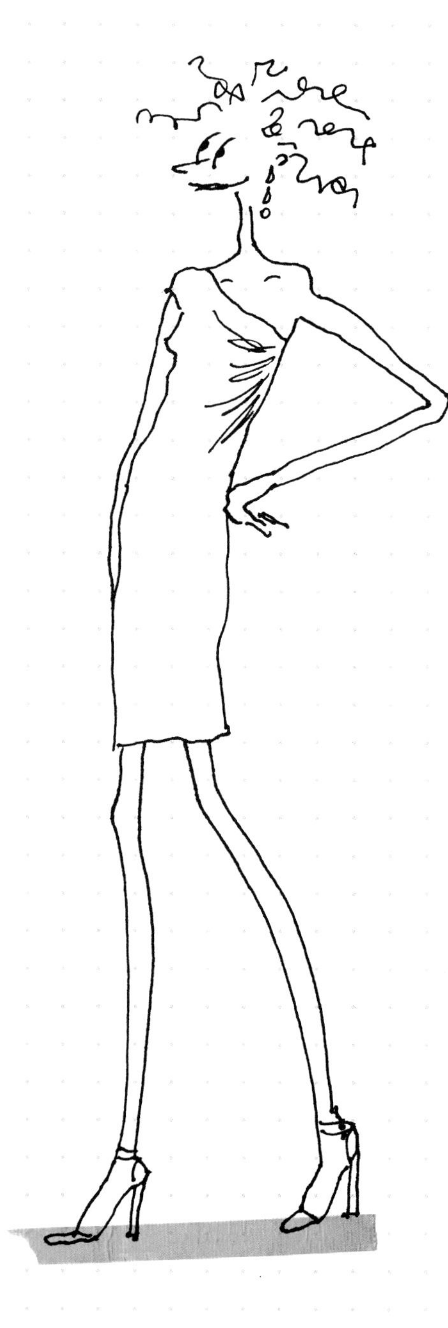

## 状况分析

✱ 朋友请你到一家很时尚的餐厅吃晚饭。怎么打扮才能展露不着痕迹的时尚感?

## 造型秘诀

→ 遵循基本路线，严禁荷叶边洋装。如果你不确定餐厅的需求（时尚餐厅的风格很多，从嘻哈风到时髦路线都有），尽量简单就对了。鞋子是造型成败的关键，你可以发挥创意（像是颜色抢眼、极细高跟或是镶宝石的鞋子）。如果你的鞋子和餐厅的风格不搭，把脚藏在桌底下就好。

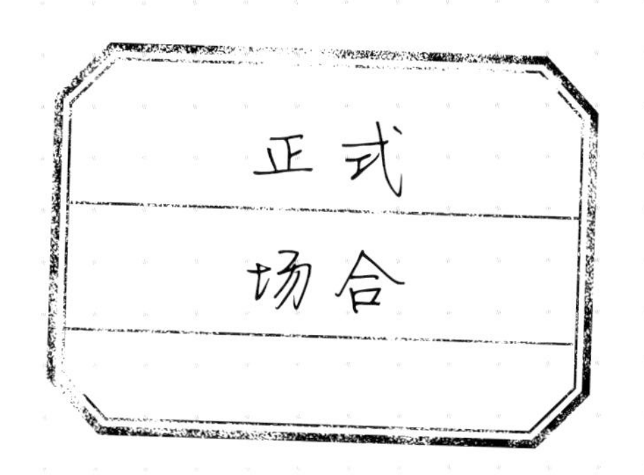


## 晚餐约会

### 状况分析

✱ 不管是去相亲还是和心仪的人第一次共进晚餐，你的任务都是要施展魅力。

### 造型秘诀

→ 巴黎女人鄙视任何过分引人注目的打扮。露出手臂（甚至更多地方），展现呼之欲出的丰满胸部，或是超短迷你裙，都不是她的风格，冬天时她甚至可能穿套头毛衣赴约。挑选一件男款白衬衫搭配黑色长裤（或是比较柔美的七分裤），加上样式简单的鞋子就够了，让有机会成为伴侣的人能够专心听你说话。穿什么内衣好呢？有拢胸提升效果的文胸当然可以为造型加分，但没必要这么急吧！

## 正式场合

### 状况分析

✱ 的确，并不是人人都有机会经常出入正式场合，但即使你不是名人，还是会有必须盛装出席的机会。

### 造型秘诀

→ 避免买当季流行色，除非你很确定自己近期还有机会穿到它。大家都很推崇黑色小洋装的经典地位，所以何不试试长版的黑色洋装呢？如果想为洋装增加一点儿趣味，可以在腰间系上彩色缎带［巴黎女人喜欢到潮店莫库巴（Mokuba）去寻宝：18, rue Montmartre, 1$^{er}$］。建议穿高跟鞋，但也可以放低身段，没有人会反对你穿平底鞋的。

## 乡间周末假期

### 状况分析

✱ 巴黎女人常有机会受邀到乡下度周末，如何才能避免穿得像个城市佬儿呢？

### 造型秘诀

→ 所有让人光鲜亮丽的服装配饰都不用。准备草编包、帆布托特包或书包，让名牌包在家休息。脱下平底芭蕾舞鞋，换上匡威帆布鞋，除了手上的男用手表，什么首饰都不戴。只带最基本的衣裤，像是T恤和卡其裤。如果真的想带些有“主题性”的服装，只能选择水手毛衣或蓝白条纹上衣，而且最好是因为你去的地方靠海。

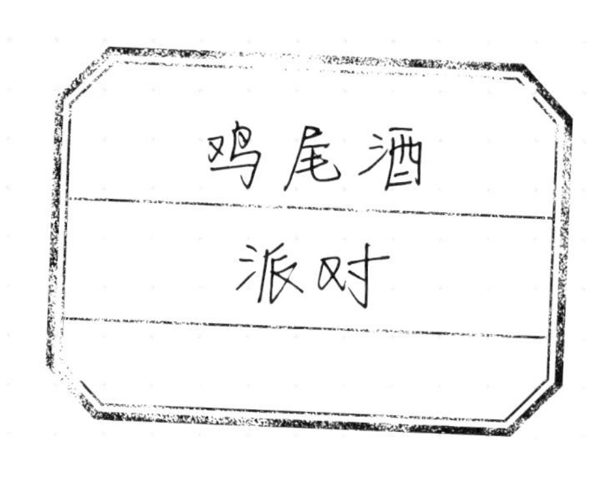


### 状况分析

✱ 巴黎女人总是隔三差五就会受邀参加鸡尾酒会、私人艺廊派对、文学颁奖典礼和服饰店开幕酒会……

### 造型秘诀

→ 是时候让你的男士礼服外套登场了（可以搭配黑色长裤、白色牛仔裤或是洗旧的牛仔裤），再加上一件醒目的配饰（如镶有滚边的手包、超大耳环、宽版手环等），目的是让你能自然地融入弥漫着文艺气息的场合。黑色小洋装也可以达成使命，至于长度，可以是及膝或刚好盖住膝盖。不到 40 岁的女性都可以穿短裙——保证迷人。

# 收拾行李出门去！

旅行是件大事——每个巴黎女人都喜欢神采飞扬地出现在机场。她或许不会仿效抱着枕头走出洛杉矶机场的好莱坞名流，却有一套让自己在旅途中保持亮丽有型的办法。一起看看巴黎女人的行李箱里都装了些什么：

- 长途飞行的话，巴黎女人会穿面料柔软的低腰运动裤［可以在Zara（飒拉）网站买到：www.zara.com］。绝对不要穿裙子，绝对不要穿洋装。

- 一定要有件温暖的大毛衣。毛衣下面可以多穿几层，先用背心打底，再加一件长袖T恤，抵达目的地时就可以视需求轻松脱掉。

- 保湿乳液、唇膏和人工泪液。保湿很重要。

- 脱掉鞋子，改穿袜子。

- 穿球鞋登机（我当然是穿匡威）。千万别想穿靴子或高跟鞋，如果你在飞机上脱掉它们，降落时绝对穿不回去。

- 一只大容量的托特包，把所有的书、杂志还有笔记本电脑通通丢进去。

- 巴黎女人喜欢轻装出游。她们总是把要带的行李分装进两个小型登机箱，而不是一股脑儿塞进一个大型行李箱（它们很笨重，会让你腰酸背痛）。她们很清楚什么衣服该打包，什么衣服根本不用带（又不是去戛纳参加影展，只不过要到海边度假）。行李箱最好是黑色的，要避免那种花到不行的椰子树图案，哪怕你在行李转台上一眼就能认出它们。

# 5. 时尚美容针

失败的印花洋装可以让女人看起来老10岁。永远选择能让自己看起来更年轻的造型，这么做的效果和打抗皱美容针一样好——而且更有乐趣。

接下来就让我告诉你，巴黎女人如何为造型“拉皮”的秘诀。

# 适时改变造型

千万不要固守某个年龄阶段的造型，那只会让你看起来更老气。特别是明明已经过了 40 岁，还想打扮得像 30 岁。千万别让自己的造型数十年如一日。30 岁到 40 岁是女人的黄金 10 年，事业、爱情、家庭都有了，对自己的样貌也还满意，觉得自己体态年轻、心态成熟，人生一片美好，充满无限的可能性，只希望时光永远停留在这个阶段。然而一转眼，你已经到了坐三望四的关卡，却还没时间思考如何“转型”。

一到 40 岁，女人就会开始问一个无关紧要的问题：“我还可以这样穿吗？”让女人觉得意外的，倒不是这个问题的答案，而是自己竟然会这么想。事实上，40 岁还不算老，但最好能够早点儿有心理准备。总而言之，已经 40 岁的你，不要死守 30 岁时的造型。时间在走，你已经有所不同，时尚更是瞬息万变。最重要的是，不能对流行失去好奇心，欠缺欲望，只想维持既有的习惯与方式，害怕改变或犯错。万万不可啊！谁都有血拼失手、买错东西的时候，不用自责，将这解释成你还怀有改造自己的梦想。对我来说，不花心思打扮、不想化妆，根本是种消沉的状态。巴黎女人知道如何随着年龄增长，循序渐进地改变自己的造型，而不是激进地瞬间大改造。

## 黄金定律

## #1

拒绝追随传统。

拒绝流于平淡。

永不放弃自己。

## 黄金定律

## #2

总是选对配饰，成功改变你的造型。

**时尚范例：**

我经常穿黑色或深蓝色的上衣搭配白色裙子。但有时心血来潮，也会穿让人惊艳的桃红色上衣。结果，并没有人认为这个颜色不适合我的年龄。

# 超过50岁的时尚禁忌

民俗风的印花长衫和非洲图腾洋装。超过某个年龄后，这些穿起来很像戏服。

熟女招牌（珍珠项链和耳环）。也太显老了吧！

皮草。活像《101只斑点狗》里的坏女人，没有什么比“满脸皱纹的贵妇”看起来更老的了。

超大夹式耳环。如果没有耳洞，就不要戴耳环，可以选择项链。

荧光色系。
装年轻的企图太过明显。

迷你裙或热裤。熟女装嫩不是巴黎女人欣赏的路线。

## 永远充满好奇心。

＊ 好奇心可以让我们永葆年轻。发掘新锐设计师的作品，尝试新的裤型，为自己买几双厚底鞋。要勇于尝试——即使偶尔失手也没关系。

## 上网出清你的鳄鱼包。

## 绝对不盲目赶流行。

＊ 关注潮流走向，学会巧妙融合，搭配出适合自己的风格：譬如灰色系、阔腿长裤和双排扣外套……彻底忘掉格子布、破洞牛仔裤和拉到大腿的超长马靴。

## 懂得混搭名牌与平价货。

＊ 45岁以后，从头到脚的名牌将是把你打入老派一族的关键。

## 不要装年轻。

＊ 放弃迷你裙、卡通图案、T恤这类衣服。想装年轻反而会让你看起来更老。

## 大胆尝试。

✱ 晚上出席正式场合时，可以放弃西装外套，改选飞行夹克搭配雪纺印花洋装；换下高跟鞋，改穿平底鞋。将胸针别在腰际而不是领子上，或者干脆找枚军用勋章替代。

## 避免落入俗套。

## 经常更换佩饰。

✱ 即使一条简单的彩线（皮革或是棉绳的都好）编成的手环，也能带来新鲜感。

## 别强迫自己买“有趣”的服饰。

✱ 一件好的圆领毛衣，是 50 岁以上的女性衣橱里的必备单品。可以和牛仔裤一起穿，再搭条绳编项链，便是令人眼睛一亮的时髦造型。

## 属于大家的乐福鞋和平底芭蕾舞鞋。

✱ 还有网球鞋（匡威已经成为巴黎女人的心灵归属）。这些鞋款非常适合 50 岁以上的女人，能让你看起来充满魅力又有趣（甚至可以宣扬你的政治立场）。

## 装扮时听听滚石乐队的经典名曲《昨日黄花》（*Dead Flowers*）。

## 要年轻的不只是你的装扮。

✱ 见人就说你觉得推特（Twitter）很蠢，不会用 MP3，对 iPad（苹果平板电脑）兴趣缺缺……诸如此类的行为，都会让你“马上变老”，要小心啊！穿出巴黎风。

# 6. 时尚禁忌

一年有春夏秋冬，时尚潮流也随四季变迁。或许未来一年都不会看见裤裙的身影，但再隔一年却各色齐备地卷土重来。大致上，所有服饰的流行周期都依循着这样的模式，挪威毛衣和大腿靴都是很好的例子。在这样的环境下，想要定义时尚禁忌几乎是不可能的事，但仍然有一些风格和流行注定要失败，一起来看看哪些是巴黎女人无法容忍的愚蠢时尚。

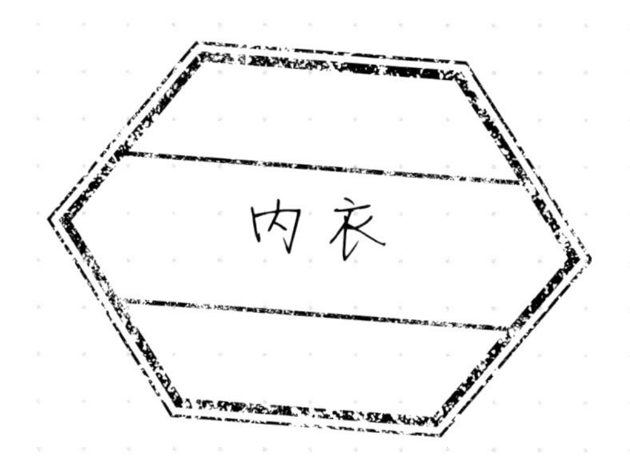


**✱透明塑料肩带。**

这东西怎么看都不顺眼，一点儿也不性感。如果想要露出肩膀，就穿上一件无肩带的文胸好吗?

**✱超低腰牛仔裤里的丁字裤。**

史上最大的流行悬案，到底是从谁开始的?

**✱露出吊带袜头。**

除非你是疯马歌舞团（Crazy Horse）的艳舞女郎。

**✱不穿文胸。**

不管你的尺寸大小，一定要穿上文胸。不穿文胸是绝对的错误。

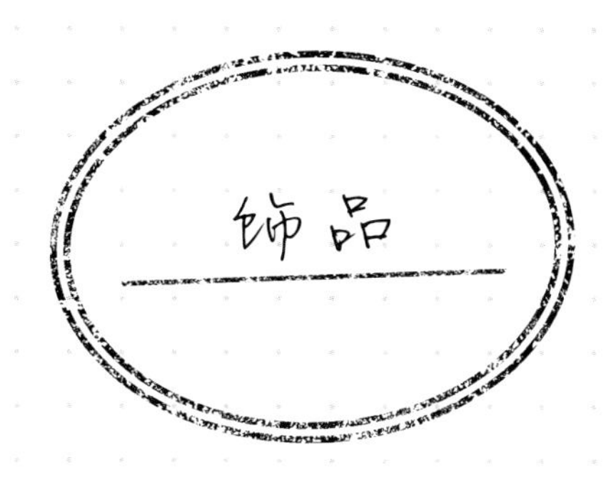


**✱戴戒指又戴项链。**

这样搭配只会令人眼花。不要每个手指都有戒指，更不可以手镯、戒指、手表、耳环、项链全都披挂上场：不，不，不，不！就连圣诞节也不行！

**✱大家都知道丝巾环是绝对的禁忌。**

**✱在不对的地方打洞。**

这绝对是一种“没有未来”的时尚错误。

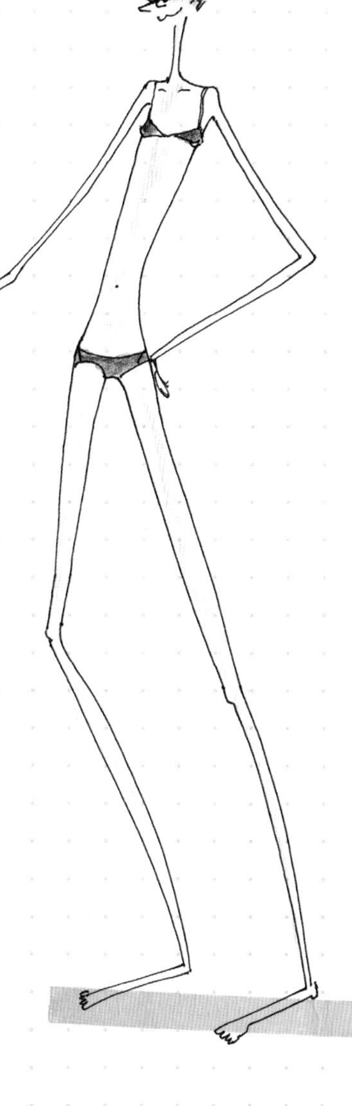

### ✗过分性感的贝壳和亮片比基尼。

并不是露得多就好看。参考一下邦德女郎乌苏拉·安德丝或者哈莉·贝瑞的比基尼造型，多性感！

### ✗太多花边或细节的泳装。

如果你不明白为什么不该穿它，试着在太阳下晒一整天，换衣服的时候就知道原因了。

### ✗无法包臀的比基尼。

巴黎女人会定期修整比基尼线，但不代表就得全部展示出来。

### *白色流苏靴。

还有其他配饰选择，能更优雅地表现西部牛仔风。

你已经不是小女孩了。

### *腰包。

即使有些设计师努力想让它们重返流行舞台，但过分实用的东西，很难迷人。不管什么季节，都不要尝试，尤其是外出度假的时候。

### *塑料夹趾拖鞋。

还有海滩鞋，两样都是让时尚魅力瞬间瓦解的保证。

### *白袜子配凉鞋。

除非你是纽约独立剧场里的演员，否则想都别想。事实上，这种搭配在巴黎是违法的。

### *成套的鞋、袜、包。

不行，大禁忌。

### *双肩背包。

你应该已经从学校毕业了。

### *反戴棒球帽。

问问你自己，就算不反过来戴，棒球帽算是好配饰吗？真要戴帽子的话，试试水手帽或草帽。

## ✱紧身衬衫。

如果你丰满到衬衫扣子扣不上，不如选择宽松版衬衫，记得别扣上全部的纽扣。

## ✱贴腿裤。

很挑人，没几个人穿得好看。

## ✱皮套装。

你可以穿皮外套或皮裤，但不管本季皮衣有多红，哪怕大明星安吉丽娜·朱莉都穿着亮相，时装杂志都有专题报道，也切记千万不要搭成一套，太招摇了。

## ✱网眼T恤。

除了麦当娜在电影《寻找苏珊》(*Desperately Seeking Susan*)里的造型，我很怀疑谁这么穿会好看。

## ✱露脐T恤。

除非在海边，否则露出肚脐实在不能算是时髦造型，因为比例不对。

## ✱超低胸豹纹洋装。

意图这么明显，反而变得不性感了。

## ✱卡通印花睡衣。

我从来没听说过有哪个男人觉得印有Hello Kitty（凯蒂猫）图案的睡衣很性感。

## ✱透视裤。

为什么要穿一件可以让人看光光的裤子？

## ✱别有意味的T恤。

譬如写着“男朋友不在家”“拜金女郎”之类字句的T恤。需要我解释不能穿的原因吗？

## ✱混搭太多材质。

绸缎+丝绒+雪纺+毛呢的结果，就是花到爆。

# 7. 巴黎女人的时尚地图

——逛进巴黎……

或上网血拼

别以为身为巴黎女人，就会花大把的时间和金钱，在精品专卖店林立的蒙田大道上血拼。Dior（迪奥）、Chanel（香奈儿）、Louis Vuitton（路易·威登）、Yves Saint Laurent、Hermès、Céline（瑟琳）和其他法国血统的精品旗舰店，是奠定巴黎时尚传统的基石，但巴黎女人也爱到新奇、有特色的小店寻宝，发掘潮牌与流行聚焦所在。现在几乎所有巴黎的时尚名店都有网络商店，将这个城市的精华递送到全世界。以下是我偏好的巴黎时尚小店。

# Soeur（姐妹）

## 店史

创始人是一对姐妹，一开始针对的是少女消费群。不过多米蒂勒和安杰里克·布里翁这对姐妹设计的少女服装，好看到连陪着女儿来买衣服的妈妈们也无法抗拒。

## 风格

吾家有女初长成……我女儿总是能在 Soeur 买到最新款的短裤、T 恤和小洋装。我很喜欢女儿在这里买的衣服。清爽的棉质衬衫、毛衣，明亮的单品融入了迷人的细节，可以连续穿上几季，这样的衣服正是 16 岁少女需要的。鼓起勇气，走进看起来不属于你的服饰店逛逛，这是非常巴黎女人的冒险精神。

## 必买单品

→ 简单的小洋装，可以当作长版上衣穿。

## 最佳小礼品

→ 细致的印花围巾，适合从 7 岁到 77 岁的女性。

巴黎：88, rue Bonaparte, 6e
Tel. +33 (0)1 46 34 19 33
12, boulevard des Filles du Calvaire, 11e
Tel. +33 (0)1 58 30 90 96
www.soeur-online.fr

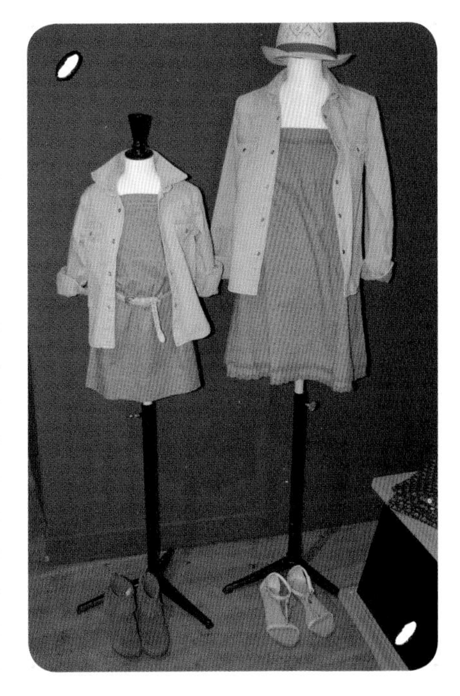

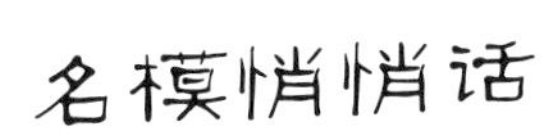

## 名模悄悄话

这是你我之间的小秘密，
千万不要告诉别人哦……

# Vanessa Bruno
（凡妮莎·布鲁诺）

名模悄悄话

我喜欢店里放的电影。
片名是什么？
啊，原来不是电影，
是品牌的广告短片！

## 风格

浪漫、女性化的风格，融入柔和的色调与流畅的剪裁，凡妮莎·布鲁诺设计的斜肩针织洋装，是垂坠造型的皇后。她设计的每一件服饰，都呈现出与众不同的创意，毫无疑问，这是一位追求用衣服带给人们美好感觉的女性。

## 必买单品

亮片托特包是明星商品，但每一季推出的新款式都会成为经典，高跟鞋尤其舒服，别忘了看看内衣和比较平价、走休闲路线的子品牌 Vanessa Bruno Athé。

伦敦：1a Grafton Street
巴黎：25, rue Saint-Sulpice, 6$^{e}$
Tel. +33 (0)1 43 54 41 04
100, rue Vieille-du-Temple, 3$^{e}$
Tel. + 33 (0)1 42 77 19 41
www.vanessabruno.fr

# APC

## 名模悄悄话

我的牛仔裤
当然是在 APC 买的，
但也很爱店里卖的蜡烛和唱片。

## 风格

简单到不能再简单的单品，V领毛衣、小洋装、包包、裤子，保证件件经典。每个巴黎女人的衣橱里，至少都有一件 APC 的衣服。从这个品牌每一季的新作品，可以看出当季大概的潮流趋势。最近他们也开始销售 Porselli 的平底芭蕾舞鞋。

## 必买单品

基本的直筒裤款是最出色的单品，不管有没有打折，都是品牌爱好者心目中的经典。

纽约：131 Mercer Street
巴黎：38, rue Madame, 6e
Tel. +33 (0)1 42 22 12 77 and
112, rue Vieille-du-Temple, 3e
Tel . +33 (0)1 42 78 18 02
www.apc.fr

# Isabel Marant

（伊莎贝尔·马朗）

## 名模悄悄话

isabel 的衣服让并非在巴黎土生土长的名模也爱不释手，譬如捷克超模爱娃·赫兹高娃和澳大利亚超模艾拉·麦克弗森，据说她们买下了这一季的所有单品。

## 风格

这个品牌走的是时髦民族风，也是成功的关键。店里销售刺绣精美的长上衣、带垂坠感的长裤、飘逸的长洋装，这个品牌的衣服忠实地演绎了地道的巴黎风格：做工精致，衣服上看不到品牌标志，没有荒谬的高昂标价，而且好穿程度媲美你最爱的牛仔裤。

## 必买单品

→衬衫。每季都会加入令人惊喜的小细节，让它所有的服装系列看起来永远独一无二，与众不同。

纽约：469 Broome Street
巴黎：1, rue Jacob, 6e
Tel. +33 (0)1 43 26 04 12
www.isabelmarant.tm.fr

# Maje, Sandro, and Ba&sh

（马耶　尚德罗　巴什）

名模悄悄话

看看你自己身上的外套，是 Balenciaga（巴黎世家），还是 Maje/Sandro/Ba&sh 呢？

## 风格

巴黎女人最喜欢的运动就是逛街发掘设计出色的平价服饰。除了 H&M 和 Zara 外，这三家也是巴黎女人必逛的平价连锁服饰店，巴黎女人会定时探访，观察最新的流行趋势。如果这一季肩膀有装饰的外套特别火，这里一定找得到，而且就放在镶亮片的毛衣和牛仔短裤旁边。这些平价的连锁服饰店散布在巴黎各个角落，而且还在不停地扩张版图。虽然各店提供的商品不同，却有一个共同的基本目标：当季最潮的款式。想赶流行，来这里就对了。

Maje: → 摇滚风

伦敦：148 Sloane Street

巴黎：24, rue Saint-Sulpice, 6e

www.maje-paris.fr

Sandro: → 都市风

伦敦：133 Sloane Street

巴黎：47, rue des Francs-Bourgeois, 4e

www.sandro-paris.com

Ba&sh: → 休闲风

巴黎：83, rue d'Assas, 6e

Tel. +33 (0)1 46 34 74 09

www.ba-sh.com

# Éric Bompard

（爱瑞邦德）

## 风格

除了开司米，还是开司米。不管冬天还是夏天，开司米毛衣一直是这个品牌的强项。他们的毛衣造型并不花哨，极简的样式配上完美剪裁，正是你衣橱需要的必备单品。

## 必买单品

→ 完美的 V 领毛衣。

名模悄悄话

每头山羊
都希望自己是
Bompard 的供货商。

伦敦 : 29 Kings Road
巴黎 : 91, avenue des Champs-Élysées, 8e
Tel. + 33 (0)1 53 57 89 60
www.ericbompard.com

# Petit Bateau

（小船）

## 风格

一家创始于 1893 年，拥有悠久历史的巴黎童装品牌。Petit Bateau 出产的棉质内衣，对巴黎人来说，就像是文豪普鲁斯特书中的玛德琳小蛋糕，能够瞬间触动内心的童年记忆。今天，它的产品系列扩展到孕妇装和成人服饰（设计给 18 ~ 20 岁的年轻人）——让顾客觉得自己可以打扮成 20 岁的青春模样，非常聪明的做法！

## 必买单品

→ 背心，是最能代表 Petit Bateau 品牌传统的招牌商品。

巴黎：116, avenue des Champs-Élysées, 8e
Tel. +33 (0)1 40 74 02 03
www.petit-bateau.fr

# Liwan（荔湾）

## 名模悄悄话

超亲切的店主拥有一身好皮肤，
秘诀是用自己店里卖的
Alep（阿勒坡）肥皂。
我买了7块。

## 风格

一家黎巴嫩人开的风格小店。热情又亲切的服务保证让你不想踏出店门一步。店里的每一件商品都无懈可击，从宽松的民族风长上衣到各种雅致的布料、装饰品、首饰配饰，能够很轻易地与白色服饰或者墙面搭配，创造独特的风格。我怀孕的那年夏天总是穿着Liwan的亚麻长衫——感觉满满的幸福。

## 必买单品

→各色真皮露趾凉鞋和皮带。

巴黎：8, rue Saint-Sulpice, 6e
Tel. +33 (0)1 43 26 07 40

# Kerstin Adolphson

（谢斯廷·阿道夫松）

## 风格

充满瑞典风的小店，所有商品都来自寒冷的北国。从木头凉鞋（夏天的明星商品）到粗羊毛线衣（冬天吸睛单品）。每年都会引进难以抗拒的必买新品。

名模悄悄话

来自寒冷地带的时髦民族风。

## 必买单品

原皮缝制的托特包，每次提着上街，总是有年轻女孩问我在哪里买的。这样的包包可以用一辈子，而且越旧越能呈现老皮料特有的迷人光泽。

巴黎：157, boulevard Saint-Germain, 6e
Tel. +33 (0)1 45 48 00 14
www.kerstin-adolphson.c.la

# Swildens（斯威登）

**名模悄悄话**

我个人认为 Swildens 的衣服，
根本就是品牌设计师
朱丽叶·斯威登的写照。

## 风格

浪漫摇滚中，带着重度嘻哈风，完全不可思议的组合，不知道他们怎么做到的。然而每一季 Swildens 总是有办法创造出人人渴望的造型。皮草背心是当季潮品，Swildens 在内里印上星星图案，引得人人都想要一件。除此之外，花朵图案和古董围巾也非常抢手。

## 必买单品

好多女孩子都告诉我，她们身上穿的是 Swildens 的皮夹克。

巴黎：16, rue de Turenne, 4ᵉ
Tel. +33 (0)1 42 71 12 20
www.swildens.fr

INES DE LA FRESSANGE
PARIS

# ines de la Fressange Paris

（伊娜·德拉弗雷桑热的店）

## 风格

一个百货商场和杂货店的结合体。这里有我设计的东西和其他时尚之选——有些商品是数量很少的限量版——珠宝、鞋子、包包、太阳镜、笔记本，还有数不清的家居用品。

## 必买单品

真的很难选择。我想说所有东西都很值得买 :)。

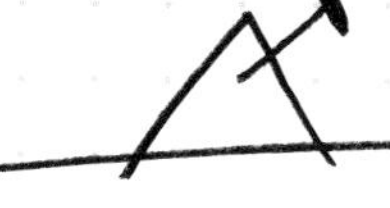

### 名模悄悄话

如果你想一次购齐橄榄袖和T恤，这里肯定是最好的选择。

巴黎：24, rue de Grenelle, 7ᵉ
Tel. +33(0)1 45 48 19 06
WWW.inesdelafressange.fr

# Marie-Hélène de Taillac

（玛丽–埃莱娜·德塔亚克）

## 风格

✱ 走进这家店，常会听到顾客强调：“我没有戴贵重珠宝的习惯！”自从1996年开店以来，Marie-Hélène de Taillac让许多女人想要天天佩戴“真的”珠宝首饰。她设计的作品，完全不像平常锁在保险箱里，只有在看歌剧时才能拿出来戴的传家宝。简约的造型出奇地优雅迷人，彩色宝石戒指流露出浓浓印度风。这也难怪，因为设计师是在印度斋浦尔构思她充满波希米亚风格的豪华饰品，宝石的美丽色彩保证让人戴上就有好心情。

## 必买单品

→ 难以抉择。我个人偏好单颗的椭圆形宝石戒指，以及中间镶着主石、周围带有碎钻的Frivole（轻灵）戒指。

巴黎：8, rue de Tournon, 6e
Tel. +33 (0)1 44 27 07 07
东京：3–7–9 Kita Aoyama, Minato-Ku
US: Barneys（巴尼斯）百货公司有售
www.mariehelenedetaillac.com

**名模悄悄话**

你知道吗？
Marie-Hélène 在斋浦尔开了一家时装店。

MHT

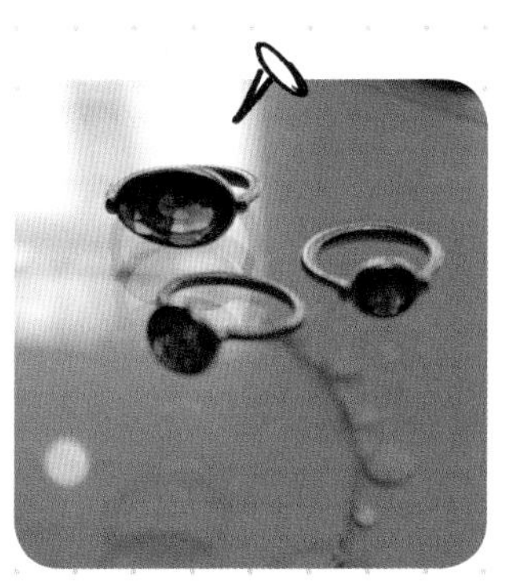

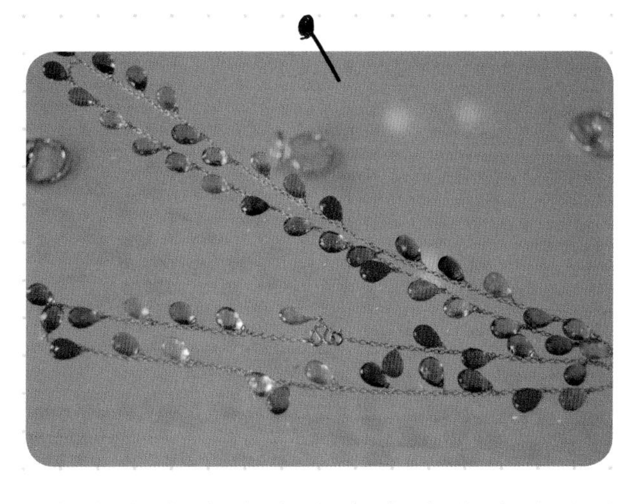

# Adelline

（阿德兰）

## 风格

这家首饰店很小，作品走极简风格，每件都是可以收藏的珍品。小巧精致的穿式耳环、长项链，以及镶着椭圆形宝石的戒指或手链，让人都想要拥有，每件都带着点儿淡淡的印度风［设计师的灵感来自斋浦尔的百年珠宝老店 Gem Palace（杰姆宫）］。每件首饰仿佛都有段故事等待被发掘。

## 必买单品

→太难选择了……镶着彩色宝石的戒指像糖果般可口，附有蛇头扣环的纯金手链美到让人心醉。

巴黎：54, rue Jacob, 6e
Tel. +33 (0)1 47 03 07 18

PARIS EXCLUSIVE

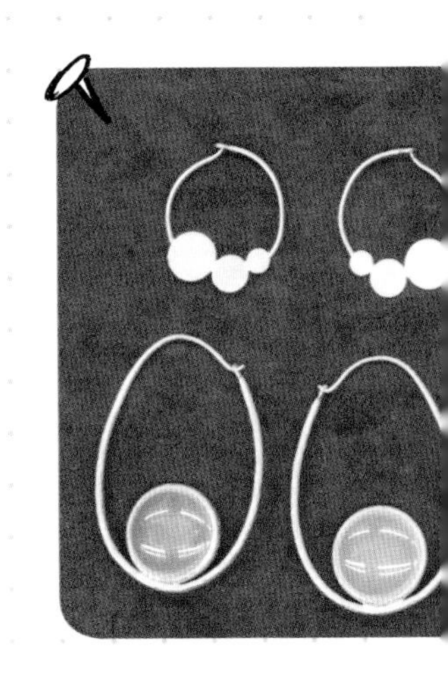

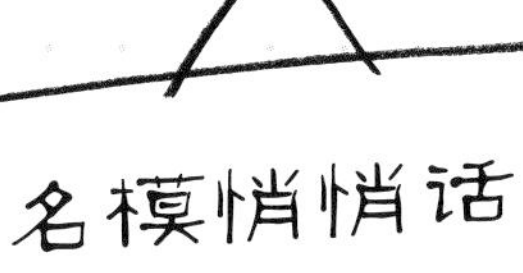

## 名模悄悄话

带你的另一半来这里，
即使他的品位差到不行也没关系，因为绝对找不到难看的饰品。

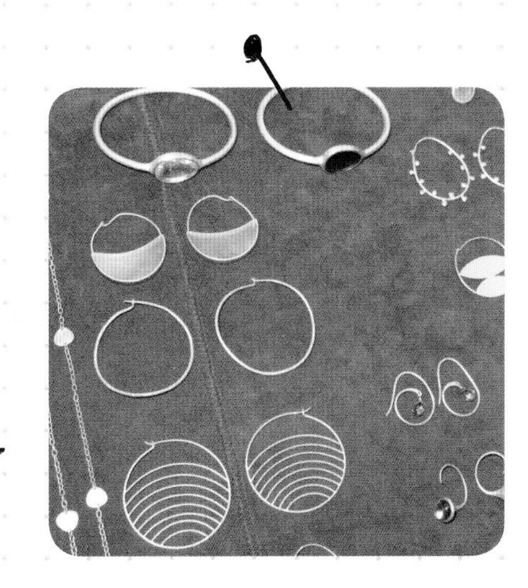

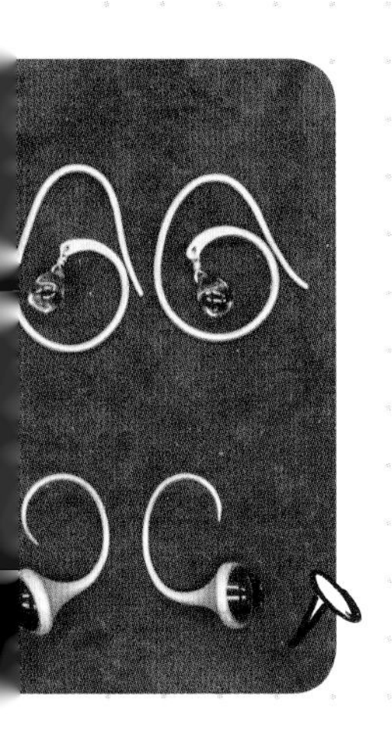

# White Bird

（白鸟）

## 风格

精品店里的首饰，每一件都是珠宝时尚的缔造者，同时也是令传统珠宝行业瞠目结舌的叛逆者。在这里，戴上任何一件首饰，你都可以立刻成为一位闪耀的时尚女性。

## 必买单品

→ Pippa Small 的超大 Size 戒指！

巴黎：38, rue du Mont Thabor, 1er
Tel. +33 (0)1 58 62 25 86
www.whitebirdjewellery.com

# Dinh Van（范亭）

名模悄悄话

我妈妈手上的Dinh Van手镯
已经有30年历史了，
花钱买这个品牌的首饰
绝对是正确的投资。

## 风格

走的是低调的精致风格，Dinh Van设计的饰品可以每日佩戴：不喜欢珠光宝气的巴黎女人最爱Dinh Van的沉稳内敛。

## 必买单品

造型简单的手镯或串着金戒指的皮手环。

巴黎：16, rue de la Paix, 2ᵉ
Tel. +33 (0)1 42 61 74 49
www.dinhvan.com

# Emmanuelle Zysman

（埃马努埃勒·齐斯曼）

名模悄悄话

我真的很幸运！
一挑就挑中幸运环手镯，
非常迷人。

## 风格

全黑的店面风格，吊钟形玻璃罩里展示着制作精美的饰品，譬如镶着小小宝石的戒指，像是从年代久远的历史遗迹里挖出来的宝藏，还有镶着玄武石、尖晶石的吉卜赛风格手镯与钻石项链，每件都令人爱不释手。

## 必买单品

手工打造的镀银手镯，两端以棉绳系起。大家都会问你在哪里买的——大方分享信息吧！

巴黎：81, rue des Martyrs, 18ᵉ
Tel. +33 (0)1 42 52 01 00,
33, rue de Grenelle, 7ᵉ
Tel. +33 (0)1 42 22 05 07
www.emmanuellezysman.fr

# LeTéo & Blet

（勒泰奥 & 布莱）

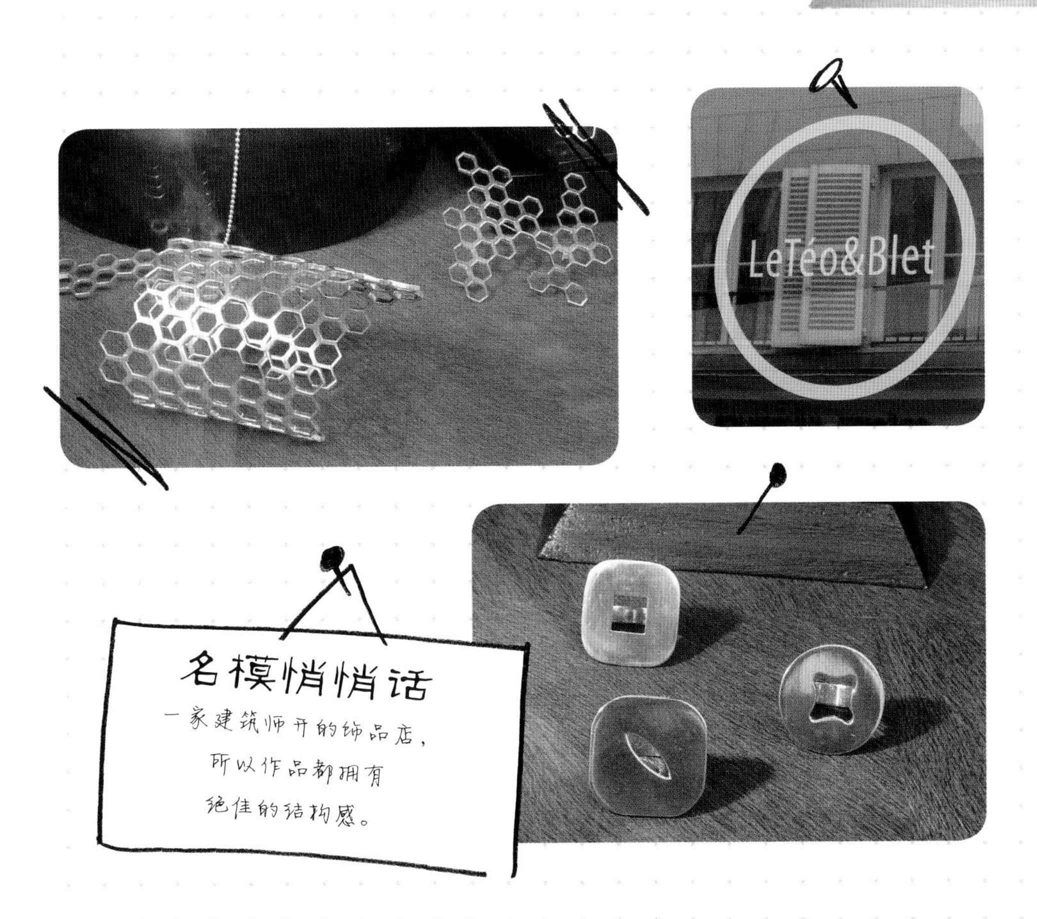


## 风格

★ 对身兼建筑师、设计师和艺术顾问的卡特琳·勒泰奥和蒂埃里·布莱来说，创意是与生俱来的。2006 年他们推出珠宝饰品系列，大部分材质不是银就是金，配上时髦的几何造型，每件作品都在诉说一个故事。

## 必买单品

→ 件件都是那么与众不同、独一无二的劝败款。店面的装潢设计也很值得参观，尤其是那玻璃中庭。

巴黎：23, rue St-Sulpice, 6e
Tel. +33 (0)1 43 37 86 84
www.leteoblet.com

# Jeanne Danjou et Rousselet
（珍妮·当茹和鲁斯莱）

## 风格

一踏进这家珠宝店，便可看到窗外著名的巴黎新桥。创立这家珠宝店的鲁斯莱家族，从 20 世纪 20 年代起，便和巴黎有着深厚渊源。在这里，你可以找到大名鼎鼎的塞维尼夫人戴过的珍珠饰品。另外还有造型典雅的耳环和美丽的编织项链，不仅赏心悦目，而且价钱平实。这家珠宝店也收购黄金饰品，然后加以改造，并提供翻修私人珠宝的服务。

## 必买单品

→用棉布或者纸黏土做成的编织项链，出乎意料地轻盈好戴。

巴黎：15, place du Pont-Neuf, 1er
Tel. +33 (0)1 43 54 99 32
www.maisonrousselet.com

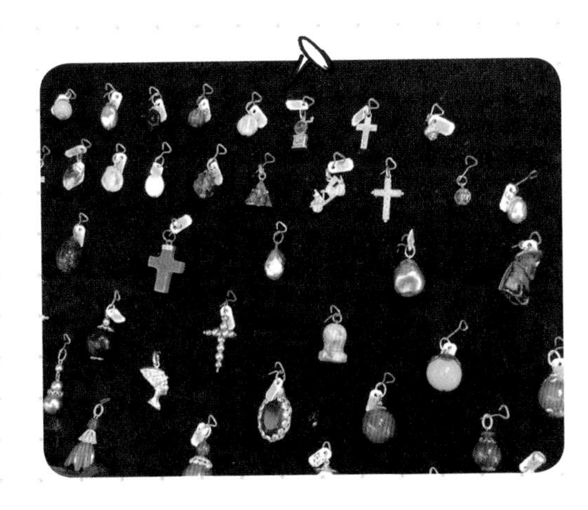

## 名模悄悄话

这家店深受法国名流喜爱，法国音乐厅女王米斯坦盖的珠宝都是在此定做的。

# Jérôme Dreyfuss
（热罗姆·德雷富斯）

## 名模悄悄话

我很久以前就知道这位设计师了。他1998年推出名为“定制成衣”（Couture-to-wear）的时装系列，还担任过迈克尔·杰克逊2002年世界巡回演唱会的服装造型师，是一位真正的时尚天王。

## 风格

他设计的包包非常女性化，也很注重实用性，样式完美、大小适中。每个巴黎女人的衣橱里都该有他的包包。他在包包里融入许多方便女性的贴心小设计，例如可以固定钥匙的勾环，或是内附迷你手电筒，让你走在没有路灯的夜里也不怕。每款包包取的都是男生的名字，保证让人很快迷恋上它。Jérôme的包包真的很实用，而且好背到天天都想带着上街。它还是个宣扬环保时尚的品牌，设计师和植物染工一起制作自己设计的包包。这么用心的结果，就是创造出一件件皮色漂亮、来自天然的作品。

## 必买单品

如果你没用过他的Billy（比利）包，应该很难理解我所说的……

**纽约：**473 Broome Street
**巴黎：**1, rue Jacob, 6e
Tel. +33 (0)1 43 54 70 93
**巴黎（奢华路线）：**
11, rue de l'Échaudé, 6e
Tel. +33 (0)1 56 24 46 75
www.jerome-dreyfuss.com

# Nessim Attal

（内桑·阿塔尔）

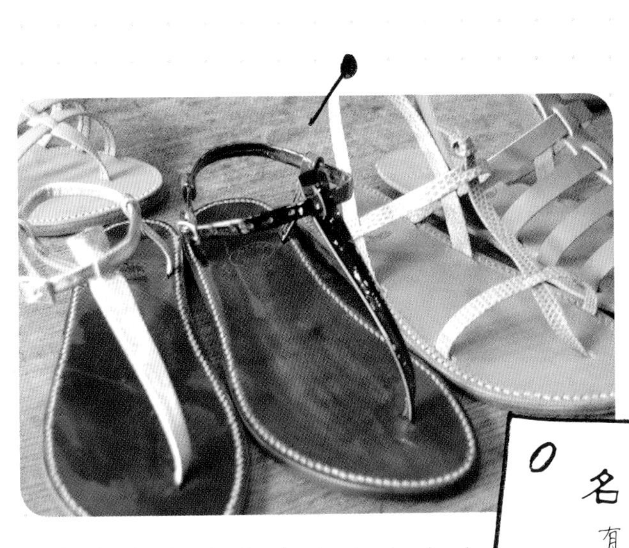

名模悄悄话

有些人大老远地
跑到圣特罗佩，
就是为了这么一双定制凉鞋。

## 风格

✱ 传承传统工艺精神的制鞋店家，老板亲自为每位顾客量尺寸，缝制出个人专属的露趾凉鞋，当然皮料也由顾客自己挑选。而且不只大人可以享受这样的服务，小孩子也一样，甚至可以挑选荧光粉红色的皮做罗马凉鞋。每年天气一转热，这家传统鞋店便开始忙碌，不断有客人上门定做鞋子，晚一步只有等了，就连等候名单也会很快满额。如果想在夏天穿，最好前一年的12月就下单。

## 必买单品

→ 没什么必买建议，既然是专门定做，任何款式、颜色，你说了算！

巴黎：122, rue d'Assas, 6$^{e}$
Tel. +33 (0)1 46 34 52 33
目前尚未提供网购服务，法国以外的顾客可以电话订购。

# Minuit moins 7

（7分钟到午夜）

## 风格

带着穿坏的名牌鞋来这里，受过专门训练的修鞋师傅保证能让你的爱鞋重新上路。这里的师傅甚至可以更换穿旧的 Louboutin（卢布坦）红色鞋底，技术好到连设计师本人克里斯蒂安・卢布坦也都称赞不已。这可是内行的巴黎女人才知道的地方。但是我想，不久应该会出现不少喜爱 Louboutin 高跟鞋的美国粉丝，带着爱鞋来这里改头换面。

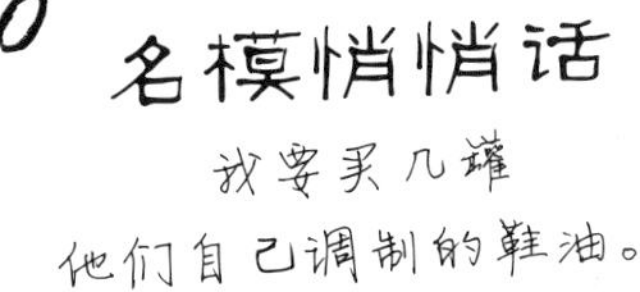

巴黎：10, passage Véro-Dodat, 1er
Tel. +33 (0)1 42 21 15 47
也可以电话订购：+33 (0)1 42 21 15 47
cordonnerie@minuitmoins7.fr

## 58m（58米）

### 风格

时髦、草根、摇滚，这些风格碰撞在一起就成了 58m ——一家很有意思的复合式精品店。店里主要商品是鞋子和包包，包括了 Jérôme Dreyfuss、Avril Gau（艾薇高铭）、K.Jacques、Lanvin（朗万）和 Alexis Mabille（艾历克西斯·马毕）超完美的组合。

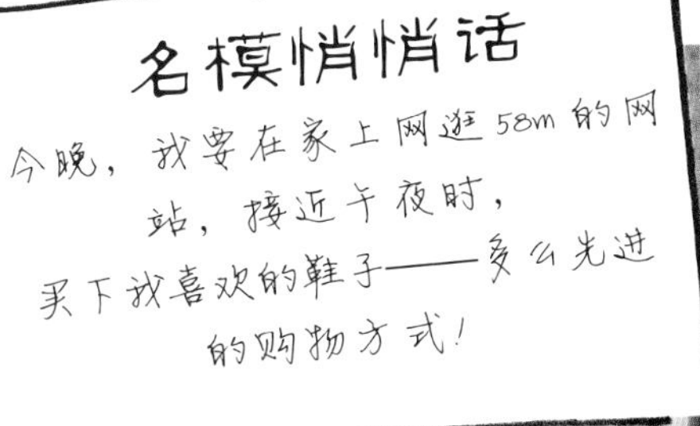

### 必买单品

Tila March（蒂拉玛奇）的包包或鞋子。这个非常受欢迎的独立品牌，是由《Elle》（世界时装之苑）杂志的时装编辑塔玛拉·泰赫曼一手创立的。

巴黎：58, rue Montmartre, 2e
Tel. +33 (0)1 40 26 61 01
www.58m.fr

# Roger Vivier

（罗杰·维威耶）

## 风格

“美丽的东西怎么搭配都好看”，设计师罗杰·维威耶这么说过。的确，因为他自己就是一位创造美丽的高手，巧妙地融合古典和前卫。自从为英国女王伊丽莎白二世设计鞋款后，他的方扣平底芭蕾舞鞋就成为最具皇家风范的时尚创意。而对我来说，走进Roger Vivier鞋店，就像回家一样自在。

## 必买单品

→镶有方形鞋扣的平底芭蕾舞鞋，任谁穿都好看。这款鞋不但漂亮，也很好穿，容易搭配，裙、裤皆宜，穿一整天走路也不会累，真是一双好到不能再好的鞋子。

**佛罗里达：**Bal Harbour, 9700 Collins Avenue
**伦敦：**188–189 Sloane Street
**纽约：**750 Madison Avenue
**巴黎：**29, rue du Faubourg Saint-Honoré, 8ème
Tel. +33 (0)1 53 43 00 85
www.rogervivier.com

## 名模悄悄话

我想买凯瑟琳·德纳芙的那双鞋。不是在电影《青楼怨妇》（*Belle de jour*）里的那一双，而是她担任品牌客座设计师的作品。

# Upla（阿普拉）

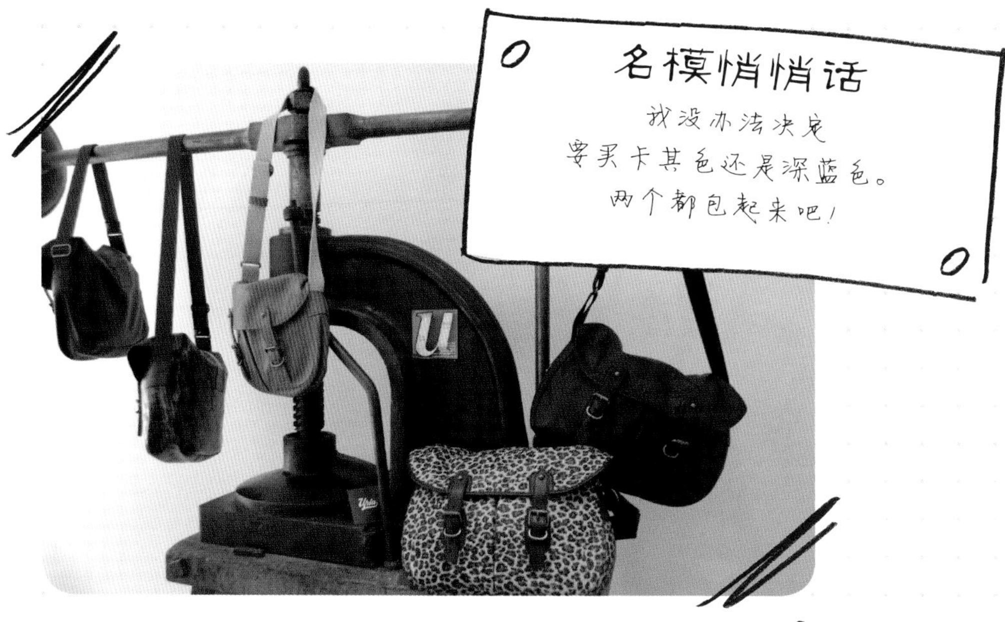

名模悄悄话

我没办法决定
要买卡其色还是深蓝色。
两个都包起来吧！

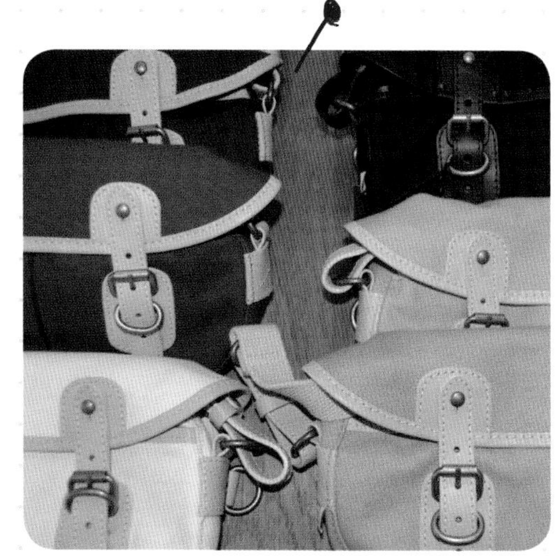

## 风格

这个牌子的风格，看起来像是给中学女生用的休闲包。大家都以为它是英国品牌，其实却是地道的巴黎货，1973年创立于巴黎的雷阿尔（Les Halles）。

## 必买单品

→渔夫书包，什么颜色都好看。

巴黎：5, rue Saint-Benoît, 6e
Tel. +33 (0)1 40 15 10 75
www.upla.fr

# E.B. Meyrowitz

（E. B. 梅罗维茨）

## 名模悄悄话

即使没戴眼镜，
也可以感受到这家店的专业与热情，
路边其他连锁眼镜行卖的镜框
真的没法比。

## 风格

✶ 手工定制的眼镜框。在 E. B. Meyrowitz 店里，可以定做个人专属的镜框。本店靠近著名的凡登广场（Place Vendôme），自 1922 年创店以来，打造出许多独一无二、超级有型的经典款式，如设计师奥利维耶·拉皮迪特别为该店设计的 Slack（宽松）镜框。

## 必买单品

→ 刻有店徽的钢质眼镜盒。这个眼镜盒抢手到要预订。还好，我的已经完工了。

巴黎：5, rue de Castiglione, 1er
Tel: +33 (0)1 42 60 63 64
e-mail: meyrowitz@meyrowitz.com
www.meyrowitz.com

# Causse
（科斯）

名模悄悄话

杰奎琳·肯尼迪也戴Causse手套。

## 风格

告诉别人你有一双Causse皮手套时，记得强调它们是在法国米洛（Millau）的工作室里，一针一线手工缝出来的，并非一般工厂大量生产的普通皮手套，保证所有人都会赞赏你的行家品位。这个品牌的风格，就和他们的手套制作一样，遵循代代相传的工艺精神，不过最近也尝试加入一点儿变化，譬如在外面缝上铆钉。

## 必买单品

→长到肘部的手套，搭配晚礼服有画龙点睛的效果。

巴黎：12, rue de Castiglione, 1er
Tel. +33 (0)1 49 26 91 43
www.causse-gantier.fr

# Frenchtrotters

(法国环球旅行者)

## 风格

卡罗勒和克拉朗是率先引进大量时尚品牌的设计师，包括艾克妮。开了自己的概念店后，他们又开发了自有品牌，当然，也超时尚。

## 必买单品

他们的男女服饰中总会有淡雅的 T 恤。最吸引我们眼球的是“至繁归于至简”的理念，这虽然是对男人说的，但并不妨碍我们也穿它。

巴黎：128, rue Vieille-du-Temple, 3e
Tel. +33(0)1 44 61 00 14
www.frenchtrotters.fr

# Le Bon Marché
（乐蓬马歇百货公司）

## 名模悄悄话
绝对值得一逛，
只看不买也没关系。

## 风格

所有巴黎左岸的流行精华都聚集在这家超级时尚的百货公司里。从 Vanessa Bruno 到 Balenciaga，从 APC 到 Lanvin，囊括了所有最新、最潮的必买单品。还有超红的美妆部门、时髦的书店、设计品牌齐全的家居用品区，以及令人惊喜的男装部、儿童玩具城和好几家咖啡店（最近新开张的“乐米友”餐厅由米其林星级主厨居伊·马丁坐镇，生意好到可能要在餐厅外搭帐篷才有位子）。如果只有一天的时间在巴黎血拼，来这里就对了。就像电影《蒂凡尼的早餐》里女主角愿意整天待在其中的珠宝店一样，Le Bon Marché 也是一家这么完美的百货公司。值得一提的是，就连内衣区的试衣间里，都贴心地装有对讲机呢！

## 必买单品

就算闭着眼睛抓起东西就结账也不用担心，保证件件都好看得不得了。因为这里的每件商品，都是由巴黎最顶尖的时尚采购精心挑选的。

巴黎：24, rue de Sèvres, 7e
Tel. +33 (0)1 44 39 80 00
www.lebonmarche.com

# Mamie
（老祖母）

## 风格

✱ 标准复古。就像阿拉丁神灯里那个藏满宝藏的石窟一样，这是一家藏满古董服饰的宝库。你可以在这里尽情挖宝，同时感受老巴黎独有的欢愉气氛（当然也包括店主的热情，他可以算是这附近的地标。不管是时尚潮人，还是提着购物袋的老太太，只要经过他的店，都喜欢站在门外和他话家常）。这里有各式各样令人惊艳的服饰，我曾经淘到几个非常棒的古董包，也多次遇见难以抗拒的印花洋装，甚至遇上一双自己穿过的鞋——真的，这家店保证只卖好货！

## 必买单品

→ 每件都是独一无二，所以好好地在宝藏堆里淘出最适合你的那一件吧。

巴黎：73, rue de Rochechouart, 9e
Tel. +33 (0)1 42 82 09 98
www.mamie-vintage.com

### 名模悄悄话

所有时尚界的大牌设计师都会来这里挖宝，寻找能激发灵感的服饰配件。看看这些20世纪50年代风格的鞋子，保证将是下一季的主角。

# Au petit Matelot
（小水手）

**名模悄悄话**

我可能会告诉
凯特·莫斯这家店。

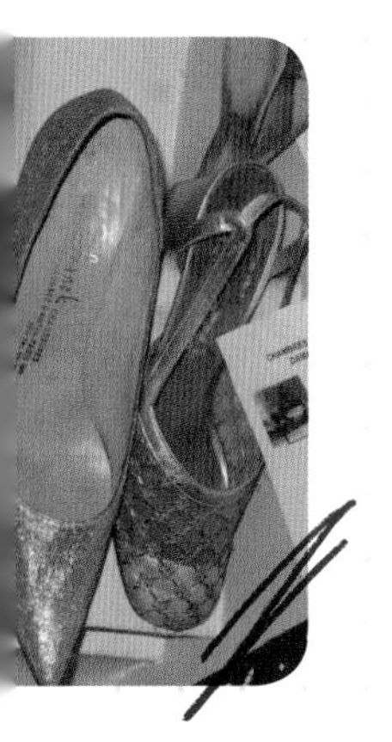

## 风格

* 这是一家你不想和别人分享的风格小店，因为知道的人并不多，事实上你应该巴不得越少人知道越好，因为这里总是能找到自己最爱的服装配饰。店名“小水手”说得很清楚，这是专卖水手服饰的店。我在这里买了一顶海军蓝的水手扁帽，早上没时间整理头发时，它就是我的救星。我也很喜欢在夏天戴上它，感觉自己像是生活在海边的人。

## 必买单品

→ 剪裁完美的渔夫毛衣。

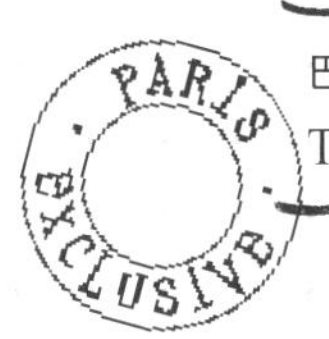


巴黎：27, avenue de la Grande-Armée, 16e
Tel. +33 (0)1 45 00 15 51（可电话订购）

SECURITE

# Doursoux
（杜尔索）

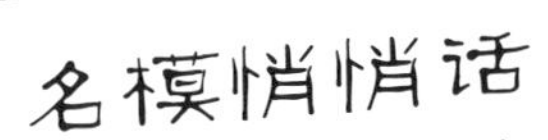


我也不想这么说，但不管设计师怎么模仿，就是没办法设计出到位的军装风，因为它们本身就已是完美的作品。

* 每当军装重返时尚舞台，所有的军装迷一定会跑来这里朝圣。Doursoux是军装迷的麦加圣殿，店里的野战迷彩裤保证100%原创，军装夹克的质量无人可比，男用手表更是好看到让人爱不释手。

## 必买单品

→双排扣大衣——保证永远穿不坏。

巴黎：3, passage Alexandre, 15e
Tel. +33 (0)1 43 27 00 97
131, rue Amelot, 11e
Tel. + 33 (0)1 47 00 01 82
www.doursoux.com

# 每件都想要……（却又不想出门）

→ 不管多忙，巴黎女人总是有办法找出时间买衣服，或许是午餐空档，或许是上床睡觉前。换上睡衣（在 Petit Bateau 买的）、鼠标在手，就可以悠闲地逛逛喜欢的时尚网站，看看有什么想买的。现在，没有什么是网络上买不到的，而且 24 小时不打烊。下面是我最喜欢的品牌网站，准备好购物袋，一起血拼吧！

**www.victoriassecret.com**

* 如何让 Petit Bateau 的睡衣更性感？来自美国的拢胸提升文胸，是巴黎女人的秘密武器。

**www.topshop.com**

* 谢天谢地，再也不用跑到店里跟一群人抢破头了。直接上网挑选，既不用等试衣间，也不用排队结账。

**www.americanapparel.net**

* 这里卖的是你衣橱里的基本款。没有品牌标志的棉质单品，颜色、尺寸齐全，而且老少咸宜。所有款式网站都有卖，你也可以到住处附近的门市逛逛。

**www.rondini.fr**

* 一到夏天，不管在家还是出门，巴黎女人都只穿凉鞋。最时髦的凉鞋是圣特罗佩 Rondini 的定制款，穿之前记得撒点儿滑石粉。并不是人人都有一艘游艇，好在现在上网就可以定做你要的凉鞋。

**www.urbanoutfitters.com**

* “疯克”（Funky）风的 T 恤、波西米亚风女装，还有一堆俗气但有趣的配饰。

**www.rustyzipper.com**

* 古董服饰的网络大本营，收集了数千件 20 世纪 40 到 80 年代风格的服装配饰。听说所有大牌设计师都会上这个网站汲取设计灵感。

# 最潮的网站

→不要遗漏了两个很棒又有趣的网站，里面聚集了巴黎最潮的人、事、物。

**www.doitinparis.com**

✱ 这里搜集了所有你想知道的巴黎潮店地址和最新趋势。

**www.mylittleparis.com**

✱ 除了时尚和潮流，这个网站还介绍时尚餐厅、旅馆、文化活动和美容按摩等相关信息。

**www.shopbop.com**

✱ 这个网站出售 100 多个美国独立设计师服装品牌及知名服装品牌。对巴黎女人来说真是再好不过的结合了，因为她们喜欢从这里发掘一些别人还不知道的品牌。

**www.abercrombie.com**

✱ 适合每个人的休闲运动服饰，还有超完美的背心。

# 在线大甩卖

→巴黎女人最喜欢逛的折扣服饰网站。

**www.theoutnet.com**

* 超过 200 个潮牌，折扣高达 60%。季末大甩卖时，一些大牌服饰以低到不能再低的价格出清。

**www.yoox.com**

* 可以算是销售过季名牌服饰网站的先驱之一。今天的规模可以称上小型时尚帝国。我很喜欢 Yooxygen 系列（诉求环保时尚）的服饰。

**www.garancedore.fr**

* 这个博客很容易会让人上瘾，里面有许多很棒的素人街拍、插画和时尚专题。作者是位美丽迷人的法国小姐，穿梭于巴黎和纽约两个时尚之都，博客里时髦素人们的造型，总是让人想要如法炮制。

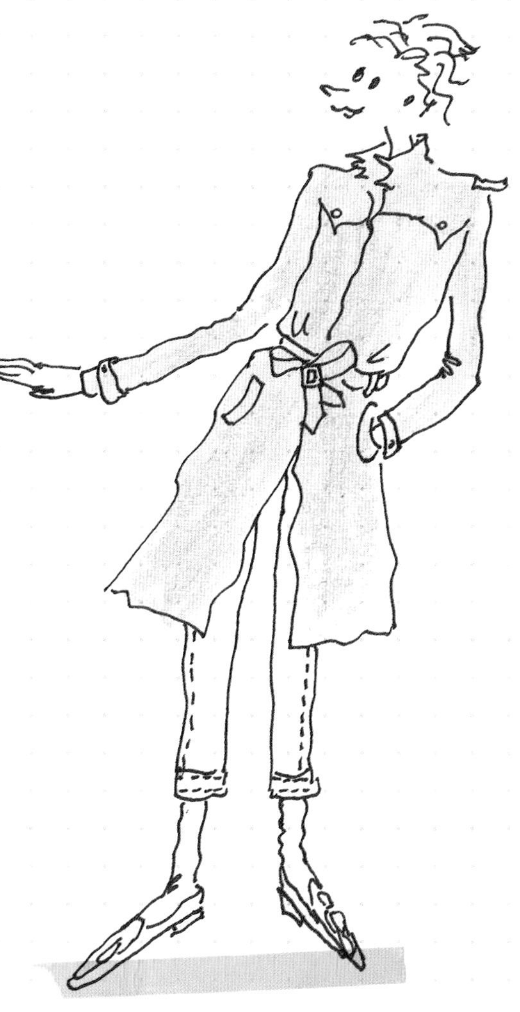

## 时尚网游

→有空的话逛逛这些最热的时尚网站，和最新潮流保持同步。

**www.net-a-porter.com**

✱ 只卖潮牌和限量款的超人气服饰网站。巴黎女人喜欢参看这里的在线时装杂志，永远领先潮流一步。

**www.colette.fr**

✱ 说到巴黎时尚，不可能忽略 Colette（科莱特）！所有最新、最潮的服装配饰和趋势潮流，这里通通都有。

**www.luisaviaroma.com**

✱ 一个来自意大利的复合精品网站，有很多设计师为网站推出的独家商品。

## 想要吗？没问题！

→巴黎女人的终极梦想就是拥有一只真正的 Hermès 包。

现在这个梦想可以轻易成真。只要到它的网站 www.hermes.com（网站设计非常赏心悦目，绝对值得好好逛一逛），下载你想要的配饰，打印出来，自行剪贴一番。好啦！专属于你的凯莉包完成了。或者你也可以如法炮制，替自己的爱犬剪出属于它的项圈。

# PART 2

# 美丽佳人

# 1. 美丽小贴士

巴黎女人热爱有关美的话题，却不大喜欢呆立在浴室镜子前照个不停；比起挑选面膜和日霜，她更乐于花时间培养卓越的品位，以及努力践行以下的美丽小贴士。

✱ **随时拿出小粉盒补妆，教人心情愉快。**但巴黎女人很容易松懈——到了傍晚，倦容难免浮现，这时最好的补救方法，肯定只有睡个美容觉了。

✱ **最重要的保养程序是什么？当然是卸妆以及深层清洁！**就算没上妆也要洗干净，严禁带妆上床。

✱ **不要用大量的水或肥皂洗脸，**一定要使用洗面奶和卸妆油。巴黎女人知道，肌肤会随着岁月流逝而越来越缺水。

✱ **入夜后还盛装打扮，看起来很俗气；**晚上应该要看起来自然、有精神，反倒是早上外出时光鲜整齐比较好。

✱ 二十多岁的巴黎女人，每天都会吹毛求疵地检视她的肌肤状况；50 多岁的巴黎女人却从不在意这些——**整体的吸引力和格调才是最重要的。**

✱ **拒用粉红色唇膏。**透明唇蜜永远是最好的选择。

✱ **好的洗发水固然重要，但饮食和吹整技巧才是保养秀发的关键。**（我刚放弃了代言洗发水的机会……）

✱ **败一堆昂贵面霜，还不如拥有洁白迷人的笑容，**快去跟牙医报到去吧。

✱ **避免太过刺激的去角质产品。**不如和爱人一同到美容院散个步，保证容光焕发。店里的气氛与温湿度都对皮肤非常好！

✱ **出门必化妆，**周末也不例外，要永远保持最佳状态。

# 2. 美丽无价

我只喜欢好看的东西，常常光凭外包装来挑选化妆品，丑容器盛装的化妆品向来与我无缘。我就爱浴室里放满那些漂亮雅致的瓶瓶罐罐，它们是装饰品，能带来好心情。

# 美丽
# 必败好物

**小贴士**

化点儿妆，
每个人看起来都会更漂亮!

→**除了这些，其他什么也不需要**

### Serge Lutens(卢丹诗)眼影:

→包装华丽，质地均匀超服帖。

### Chanel 唇蜜:

→自然青春的色泽， 胜过所有唇膏。

### Elizabeth Arden(伊丽莎白·雅顿)的八小时润泽霜:

→神奇的效果已成为服装秀后台的美丽传说。

### Terracotta(娇兰)的提洛可茶色保湿蜜粉:

→拥有阳光般健康肤色的最有效方式。别再做日光浴了，用 Guerlain 吧!

---

**必需品**

一支好牙刷

这么基本却还是有
一堆人做不到，龇着一口黄板牙。

---

### Guerlain 睫毛膏:

→没有睫毛膏，我看起来就像条死鱼。Guerlain 睫毛膏根本就是微型雕塑剂。我有两支，分别放在家里和办公室。涂上睫毛就好，下睫毛也涂会看起来太凶。

### Chanel 粉底:

→包包里的基本配备。均匀的肤色是一定要的，每个女生都需要一盒好粉底。

### Dior 杏色护甲霜:

→我睡前最后涂抹的东西，能让指尖获得充分的滋润，效果仅次于专业指甲护理!

### Neutrogena(露得清)润肤油:

→好吸收，不黏腻，让肌肤如丝绸一样——至少瓶身上是这么说的。

# 我的10分钟日常保养

* **每天早上洗头（有助于清醒头脑）**。在湿发上抹摩丝，营造空气感的蓬松发型，运用任何蓬松发产品都能达到同样效果。

* **没擦日霜绝不出门！**
我都在药妆店买，而且常换牌子。不用抹太多，否则脸贴脸问候朋友时会黏黏的。

* **用粉底液（按压瓶子较方便，尤其赶时间时）**。我的包包里一定会有粉饼，好方便补妆。注意：绝对不要用海绵打粉底，要像擦乳液一样用手指推，会比较自然。

→ **没时间遮眼袋和黑眼圈啦！**

## 小贴士

准备3个化妆包—— 一个摆家里，一个随身带，一个放办公室。

即便如此，我还是常忘记补妆。定期更换你的化妆品：不使用便丢掉，你并不需要一套专业级的彩妆品。

* **挑支好的眼影棒，刷上无光泽粉状眼影**。我偏爱棕色调，不过你要有自己的选择。但有个简单原则——色彩自然，效果也就自然。

→ 要是有时间，我会沿着睫毛根部画很细的眼线。

→ 再用大刷子刷些古铜色粉。

* **只在上睫毛刷睫毛膏**——这样一整天都不会有晕开的风险。

# 女人香

**10 年换一次香水。**我不太买当红的香水，它们往往过分强势。我喜欢较老派、经典的品牌。

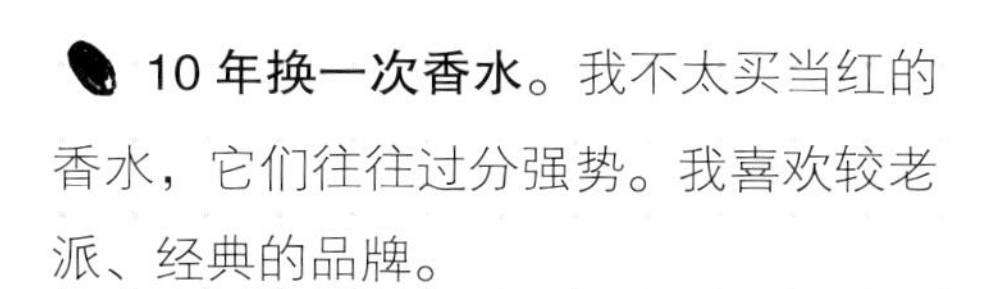

**买香水时，一定要在皮肤上测试，**而非依赖试香纸。可以先用试香纸做初步的选择，然后试喷在手腕内侧，走出店门，几小时后再冷静做决定，看它是否够资格成为你的收藏。

**买香水和买衣服不一样。**就算某些香水超级畅销，吸引每个人，但还是要坚持找到属于你的香味。巴黎女人身后从不留下时髦的味道，她宁可大老远去寻找稀有、独特的香气。

**太多香水会让别人头昏。**轻拍在身体最佳的散香点上就好，像是颈部和手腕，脚踝和膝盖后方，都能发挥最大效果。记得在车内多放个应急用的小瓶。

## 3个美丽秘密

**闪闪动人的秀发**

将 3 汤匙白醋用一碗水稀释，洗发后均匀地抹在湿发上。保证让你的秀发在闪光灯底下闪亮动人。

**多喝胡萝卜汁**

好喝，让人心情好，照理说也可以美容养颜。

**灿烂的笑容**

用牙菌斑显示剂（药店可买到）找出刷牙时要着重清洁的地方。

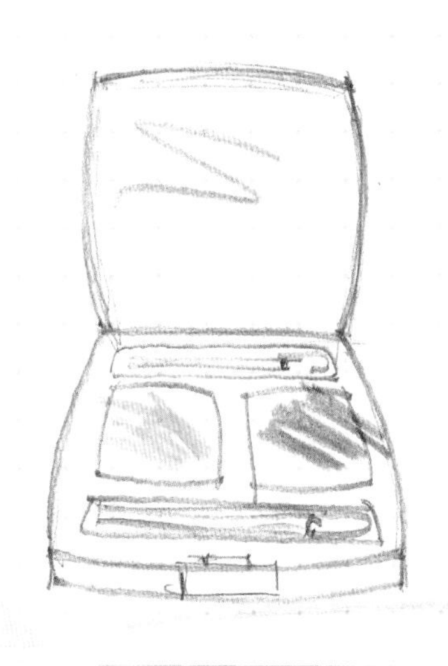

# 3. 永恒的美丽

我心目中的理想典型是拉丁情人胡里奥·伊格莱西亚斯。假如你问他是否害怕变老，他一定回道："我已经变老了啊。"20岁的巴黎女孩，比50岁的巴黎女人更害怕皱纹。

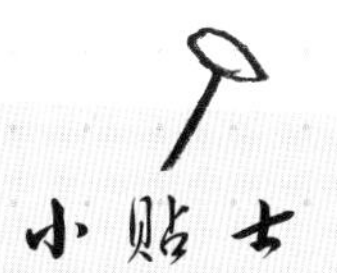

小贴士

轻松愉快是开启
永恒青春的钥匙。

**→皱纹没什么，站得离镜子远点儿就好！**

如果效果真的很好，我也愿意尝试打肉毒杆菌，但到目前为止，它好像还是不太安全。巴黎女人不怕老，岁月使她美丽：远行时，她懂得如何收拾一只皮箱，避免大包小包；她活在当下，懂得倾听，很有远见。但是年纪不意味着可以不修边幅，以下是我的美丽秘诀。

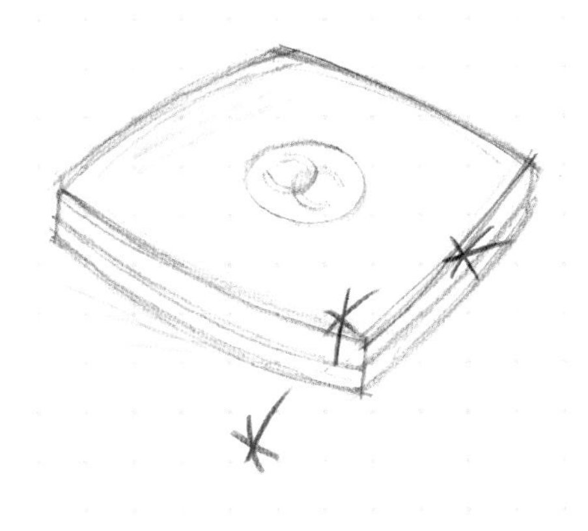

## 美丽一辈子：

* 维持良好仪态。
* 香气宜人。
* 照顾好牙齿，每半年洗一次牙。
* 常微笑。
* 心胸宽阔。
* 对年龄无须斤斤计较。
* 冷静、自在、从容。
* 不自私。
* 不要失去对男人、梦想和家的热情，保证青春永驻。
* 只做自己认为合宜的事，佛心常存。
* 承认月有阴晴圆缺，并充分把握美好的日子。

## 此外：

* 彻底做好肌肤保湿。

* 上睫毛膏，但别上眼线液。

* 选择比自己肤色淡一点儿的粉底，它会让皮肤色泽柔和，并能修饰眼部暗沉。

* 选择亮色系的唇膏或者唇蜜。

* 不要留长指甲，记得定期修剪。

## 50岁以上的完美妆容：

→如果上了眼妆，就让肌肤保持自然。

→要是不上眼妆，就为脸庞扑上暖色系的粉底。

→脸上不能油油亮亮，但也千万不要涂成粉墙。

### 小贴士

睡一小时觉或做爱，
比打肉毒杆菌更有效。

# 无论如何都要避免的事（否则你看起来会老10岁）：

- 用太厚重的粉底，尤其是太深的颜色（一脸“我定期上日光浴沙龙”的模样）。

- 闪耀的华丽眼影——只会让你的皱纹跟着闪耀。

- 粗而且忘了修的眉毛。

- 太厚的粉。

- 在凹陷的双颊刷棕色腮红。

- 画唇线。

- 闪亮的橘红色或“裸色”口红。

上述这一切会让你看起来比实际年龄要老得多。

# 4. 美人别失手

盲目追求美丽很容易犯错。妆容的趋势不是唯一参考——展现自然容貌和肤色的协调感才重要。T 型台上的模特儿或许得戴上蓝色的假睫毛，让眉毛淡到几乎看不见，或者刷上金属色系的腮红，但我们是普通人，不用面对聚光灯和镁光灯。就算是超级名模，最好看的样子，同样也是她最自然的模样。假如你不想看起来像个“化妆品受害者”，以下事项可得当心。

* **你不是要去打仗，**别以上迷彩的精神刷腮红。

* **避免闪耀、发光、华丽的妆。**T 型台上或流行杂志封面上例外。

* **刻意搭配妆容与服饰，会让你看起来想得太多，而且真的不必如此。**相信你的自然肤色、眼睛和发色就好。

* **上太多遮瑕膏和粉底只会让你面如死灰。**

* **粉底上得太匆忙，**没有照顾到发际，看上去就像面具要掉下来了！

* **眉毛拔过头，**以后你会很想用铅笔把缺的眉毛画回来！

* **眼线不要画太粗，**又不是浣熊。

* **别轻易尝试烟熏妆，**又不是熊猫。既然不熟练就永远不要开始。

* **有色唇线从来就不太性感，**若画得比你本来的唇色深，更是万万不可。

* **腋毛要除干净。**巴黎女人花很多工夫除毛（一般而言，巴黎男性都不爱体毛）。

* **拒绝蓝色眼影**——假如你追寻的是自然妆感。

* **眼睛上若有闪闪发亮的眼影，**就连最年轻的肌肤都会变老。

* **在下睫毛涂睫毛膏，**会让眼神变得很凶，黑眼圈更明显。

* **太多唇蜜**会让嘴唇看起来黏乎乎的，毫无吸引力可言。

# PART 3

# 来找家吧

# 1. 巴黎风

金窝银窝不如自己的狗窝。无论是以色调、个人特质或是某个年代为基础做设计，只要明确找出主题，就能让你的家散发出独特魅力。不妨从杂志上剪下喜欢的参考照片，制作一本属于自己的家居时尚趋势笔记，来搜集布置灵感。

**我喜欢变换装潢。我的上一间公寓走传统路线，摆满了各种古玩，现在的公寓则是简练优雅的设计。**定期变更居家环境，能让生活充满朝气。要是眼睁睁地看着装潢跟自己一起变老，多沮丧啊！当然，也不必动不动就重新翻修，只要利用一些小技巧——就像进驻总统官邸的第一夫人那样，花心思增添具备代表性的装饰元素，就能以最少的花费，达到最好的效果！

## 尊重住宅的素颜魅力

巴黎女人在穿衣服的时候，会注意到她的个人特质和体形，那么在室内装潢上，也应该尊重家里的固有特色。想在老公寓里营造出“疯克”风，咱们把天花板饰条漆成粉红色的吧。（在巴黎市内，破坏饰条可是违法的行为！）

## 设计反映个人特质

我有点儿双重人格：喜欢简单清爽的禅宗意境，同时又很爱民族风。设计自己的家，不用搞得像什么电影场景，或是某个年代的重现，时空错乱是好的。就像现在时装的流行趋势一样，混搭才是王道。宜家配上设计师作品或从跳蚤市场搬回来的家具，也可以很和谐。宜家沙发旁摆上一座 20 世纪 60 年代的设计师台灯，配上重新粉刷的二手书柜，完全不成问题。总之记得：整齐划一的整装风格已经过时啦。

## 全部装箱！

收纳盒是解决小空间收纳问题的理想方案，盒子永远不嫌多。可以买一些镀锌盒（在无印良品可以找到）放进层架，不仅看起来会像廊柱一样壮观，也方便借助标签分门别类，找起东西时绝对事半功倍。

## 巴黎风艺术品DIY

为什么一定得撒钱才能让家里出现艺术品？不如将孩子的画装裱起来；儿童的画作其实很精彩，他们拥有与生俱来的自由创意，这种天分会随着成长而逐渐消弭殆尽。只要给孩子们几张牛皮纸和炭笔，他们就会为我画出可以直接裱框的大作！如果是立体的物品（像是具有纪念价值的玩偶），我会把它放进在Gypel（吉佩尔）定做的亚克力盒中[9, rue Jean-Jacques-Rousseau, 1er; +33 (0)1 42 36 15 79]。就算是匆忙中写在纸巾上的话语也很有纪念价值，把它们裱进亚克力磁性相框里（无印良品有卖）吧。杂志里若看到特别喜欢的图片也可以收藏，艺术创作是没有贵贱高低之分的！

## 厨房

**将料理工具放进瓶瓶罐罐**

开发物品的新功能很好玩，
就像在时尚圈一样，
跳出传统思维的做法，
便能让人眼睛一亮。

**选用有新意的餐具**

我超爱圆角的方形碗盘，
我家的餐桌
也是这种造型。
虽然不容易买到，
但比圆盘或方盘特别多了。

## 在每个房间都摆上香氛蜡烛

香味跟美丽的家具一样重要。就算还不到晚上，一进到家里还是要先把蜡烛点上！

## 把所有不好看的东西都藏起来

比如说，如果你的打印机是丑丑的灰色，就把它收进柜子里！

## 白色无敌

虽然我敢把书房的墙壁漆成亮粉红色（整个房间的光线会很赞，每个人的气色都会变得超好），但如果空间小的话，白色还是首选。一般而言，若在两个颜色中举棋不定，还是选白色为妙。想为小公寓营造挑高的感觉，就要混搭颜色：在不同位置漆上灰色、浅褐色和卡其色，然后点缀一点儿黑色。若无论如何都想尝试蓝色、粉红色或绿色，也不妨漆上墙看看，反正即使后悔了还可以在几个月后把它漆回来！

## 浴室

### 挑毛巾时请三思

有时候，我们会对土耳其蓝毛巾着迷不已，那颜色会令人联想起碧蓝的大海。但它不一定适合浴室的瓷砖（强烈反对铺土耳其蓝的瓷砖）。挑毛巾请锁定一或两种颜色就好。我放在浴室里所有的毛巾都是黑或白色，通常是从 La Redoute（乐都特）的 AMPM 网站（www.ampm.fr）订购的。

这两个颜色永远看不腻，要汰旧换新也很容易（反之，我不确定是否每年都找得到土耳其蓝的商品）。

### 为洗手液换新装

与其将就贴着俗气品牌标签的丑丑按压瓶，不如将洗手液倒进没有任何图案的瓶子里。也请把面纸藏在与装潢相称的面纸盒中。

## 窗帘杆选简单款式

一支铸铁杆强过任何模仿路易十六风格的窗帘杆。如果真的想要走极简风，就连窗帘也不用挂！

## 灯具也一切从简

与其去寻找精雕细琢、装饰繁复的设计，不如选用简单的小聚光灯，照明的效果更好。一只稍微有些特色的灯具，就足以凸显个人品位。

## 用沙发或椅子来强调品位

这跟穿搭时善于运用配饰有异曲同工之妙。一张简单的椅子便能够塑造出简单纯净的家居风格，一盏落地灯也一样。想要赋予空间利落大方的基调，投资在这上头总是能事半功倍。

## 把水果秀出来

家里储藏的橙子或苹果太多的时候，可以拿出来摆在透明器皿里。这样不仅吃得比较快，也有装饰的功用。

## 将客厅里的沙发用布盖起来

这么做有两个好处，不仅可防止沙发耗损、折旧过快（因为我养狗），而且如果想要更换家具色调更是轻而易举，也不用花大钱（新沙发可是很贵的）。

## 为生活添一点儿幽默

买几个假装成透明免洗塑料杯的玻璃杯应该很不错（可以在桑多艺廊找到：www.sentou.fr）。选购几项教人惊喜的家居用品，绝对加分。

在家里放一本多米妮克·洛罗的《简单的艺术》（*L'art de la Simplicité*），它推崇生活中悠闲自得的禅宗意境，是我奉为圭臬的大作。

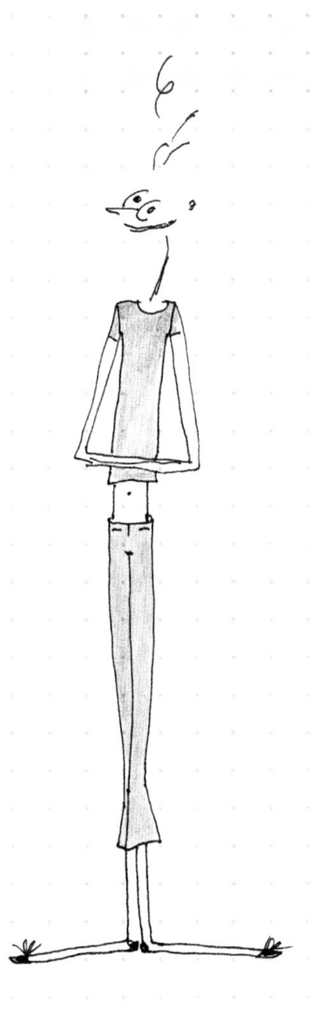

## 减轻空间负担

大扫除不花钱。少了毫无用处又积满灰尘的杂物，整间公寓看起来绝对大方多了！而且，我可以保证，摆脱其实没那么重要的东西以后，会让心情更轻松自在。我再也不会再像以前一样，老爱到跳蚤市场挖宝回来。最困难的一点，是如何成功地创造一些人性化的小凌乱，好平衡家里的简练氛围。如果想要走奢华风，请记得千万不要沦于矫揉造作，将孩子的宝贝玩偶装进亚克力盒，放在客厅中央作为装饰，就足以达到平衡的效果。

## 小空间的黄金准则

想要在小空间里过得舒适，有条不紊、干净清爽是不二法门。虽然我的公寓有 70 平米（在巴黎市中心已可算是颇大的），里头可不是只住着我一个人！我必须尽力规划出收纳空间（比如在斜坡墙面下做橱柜，利用床底、楼梯下收纳东西等等）。

为收纳用品找到双重用途是另一个要诀，比如我把狗饲料顺利藏进了可以当椅子的箱子里。

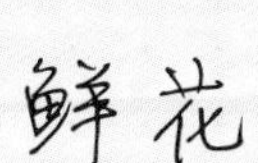

# 鲜花

**丑花束比比皆是！不过只要这样做便能万无一失：**

* 选择白色兰花，这种花是设计迷的最爱。

* 有颜色的花要选长茎的，比如芍药，一支一支单独插进一个个试管造型的花瓶里，再自由搭配摆放。

* 选择全白的花束，绝对错不了。

* 在家中摆放盆栽是明智的。选用黑色或镀锌花盆效果更好。

## 几点小提醒

* 混色的花束。跟时尚法则一样，混色最多不要超过 3 种，而且第 3 种一定要是白色！

* 禁用菊花（扫墓祭祀专用）。

* 花茎太长的品种比较难找花瓶。

## 为自己量身定做

* 如果现成的花束实在有点儿丑，可以拆分成几小束，调配出顺眼的效果。

# 2. 打造完美衣橱

井然有序的衣橱可以带来全新的人生观。想在小小的巴黎公寓里打造属于自己的完美衣橱，不是一件容易的事。不必因为空间太小就割爱，无论如何总是能找到其他解决办法的。（不过老实说，如果里面有一件1980年后就没再穿过的毛海上衣，就算不丢还有机会派上用场吗？）以下是7个整理衣橱的妙招。

## 懂得取舍

✱ 这么说听起来比“直接扔掉”来得专业也高尚多了：所有状况不佳、年把都没穿过的，就扔掉吧。当你看到某一件衣服，若没有非常想要穿的欲望，也把它扔掉。有所犹豫的时候，就想一想某个穿衣风格让你很欣赏的朋友，然后自问：如果是她会穿吗？如果答案是否定的，那么就放进回收箱或是捐给慈善机构！

## 将衣服分门别类！

✱ 长裤放在一起，T恤和毛衣也是一样，以此类推。将分属不同季节的服饰分开。如果要做得更彻底，还可以按颜色分类！这样打开衣橱时，心情会更好。

## 统一衣架

✱ 比如宜家的黑或白色塑料衣架，不占空间又可以吊挂多种东西。同款衣架会让衣橱看起来整齐划一。

## 将所有衣服都放在第一排

✱ 这一点不太容易做到，但如果你看不到，就不会去穿它！

## 整理所有珠宝和配饰

✱ 将它们放进亚克力抽屉盒里，这样一目了然，选搭起来非常简单。

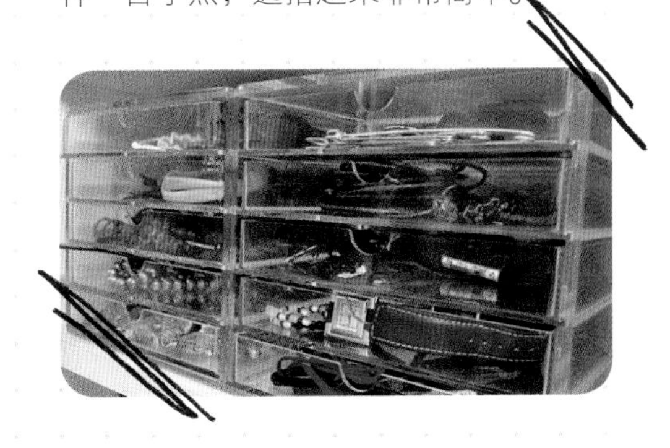

## 为鞋子拍照

✱ 用相机为每双鞋拍照，然后将相片贴在收藏的外盒上。鞋盒也要像鞋店那样堆放整齐。

## 我的小奢侈

✱ 我其实还是留了空间给“丑爆了却丢不掉”的衣服和“美呆了但不是我的菜”的衣服，这样才是和衣橱相亲相爱的快乐之道。但如果真的变不出空间来，还是送它们上路吧。

# 3. 巴黎好好逛

巴黎街头

OR 在线好店

## 概念店首选

### Merci（感恩）

Merci 的特色就是商品齐全。占地约 1500 平米的店面，同时陈列着昂贵的高级品（特定款式家具）和日常用品（设计精巧的厨具配饰），还有设计师为 Merci 独家打造的服饰和彩色铅笔及复古笔记本。这里不但找得到缝纫和五金材料、珠宝和香水 DIY 调香区（Goutal），甚至还有花店。

它的混搭路线，正好最对巴黎女人的口味。想小憩一下，可以到一楼的餐厅点盘色拉或蛋糕，那美味教人午夜梦回。此外，Merci 固定将部分盈余捐给弱势儿童基金会，让你化败家为行善，一举两得！

Merci 万岁！

巴黎：111, boulevard Beaumarchais, 3e
Tel. +33 (0)1 42 77 00 33
www.merci-merci.com

FLO
WER

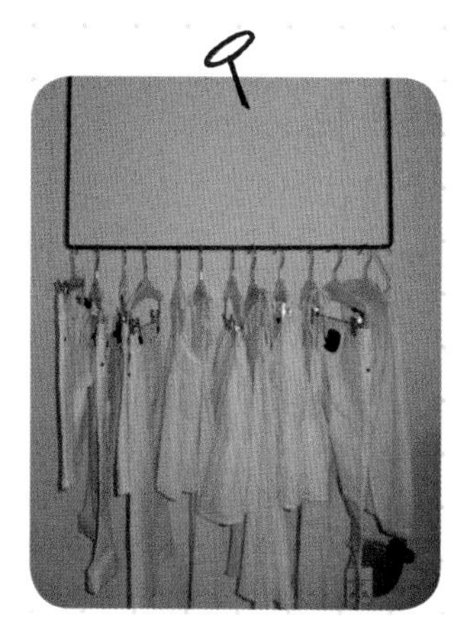

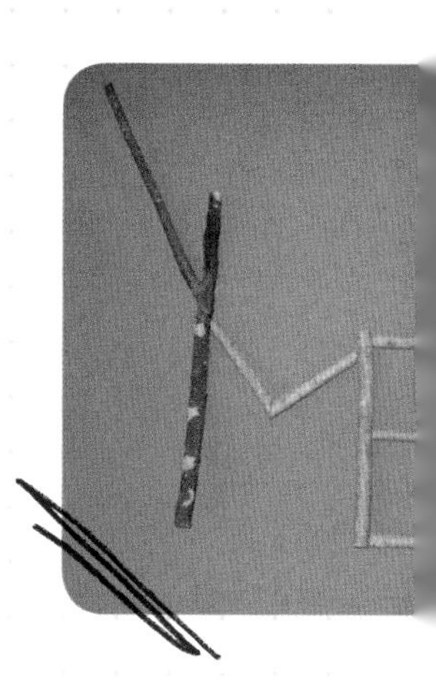

## 网购狂潮

**www.laredoute.co.uk**

La Redoute 的家居购物网。在这里可以找到水洗亚麻床单和浴巾（我买了黑色的），当然还有家具，都值得去逛一逛。

**www.madeindesign.co.uk**

这是个让你马上想加入“我的最爱”的网站。商品种类齐全，能满足各种预算需求。其中设计师弗雷德里克·索菲娅为弗尔莫伯[①]（Fermob）设计的卢森堡椅，跟卢森堡公园里的一模一样！

**www.myfab.com**

这个网站可以让你在线以出厂价购买喜欢的家具。有两种下单方式：票选出厂方要生产的新系列，或购买限量产品。订购的商品要过几个月才会送货到府。想要省钱就得有点儿耐心才行！

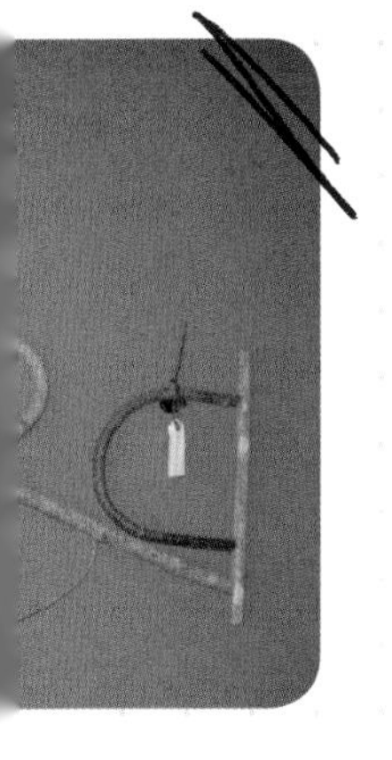

**www.atylia.fr**

要准备有特色的小礼物时，上这个网站最理想不过。海外订购可打电话：+33 (0)1 45 06 71 16

① 弗尔莫伯是法国有名的户外金属家具设计制造商。——编者注

## 灵感店首选

# MOna MArket

（莫娜市场）

在这里你能找到所有需要的家装用品。花瓶、床单、灯、枕头、餐具、儿童家具，这里有你想要的一切。甚至还有精挑细选的衣服和植物染料。突尼斯进口的 Tinja（蒂尼亚）家具和 No.74 的衣服是必买单品。

巴黎：4, rue Commines, 3e
Tel.+33(0)1 42 78 80 04
www.monamarket.com

## 暖气首选

# WorldStyle Design（世界风设计）

暖气设备虽然不是什么会让人疯狂抢购的商品，但这家店却让巴黎女人趋之若鹜，因为里面可是什么风格都有，所以绝对值得放进口袋名单。要知道，美观的暖气设备可不是那么好找！

巴黎：203 bis, boulevard Saint-Germain, 7e
Tel. +33 (0)1 40 26 92 80
www.worldstyle.com

## 旧货挖宝首选

# Hétéroclite

（斑驳旧货店）

来到这里，会有走入另一个世界的感觉。多米尼克（Dominique）打造出来的杂乱商场充满了友善的魅力，让我们沉醉在爱丽丝的仙境里，相信只要仔细找，定能发现自己心中的宝藏。家具品项非常多，还有珠宝饰品、玩具和数不清的迷人旧物，可说是梦幻等级的二手商品店。

PARIS · EXCLUSIVE ·

巴黎：111, rue de Vaugirard, 6e
Tel. +33 (0)1 45 48 44 51

## 沙发首选

# Caravane Chambre 19

（大篷车家居店）

没有这家店我就活不下去！除了无人能敌的沙发以外，还有许多家具和家居用品，它融合异国情调与巴黎现代风的特色令人着迷不已。Caravane 在第 12 区里分成两家店铺，一家以小型商品为主，包含碗盘和各式布品；另一家则主要出售普通家具和卧室家具。说它是全世界我最爱的家居饰品店一点儿也不为过，因为这家店是业界名人弗朗索瓦丝·多尔热一手打造的。所有的混搭摆设都展现出极其精致成熟的高雅风范，让人原来只是到这里逛逛寻找灵感，最后却忍不住想把整家店都搬回家。店里用来铺在沙发上的美丽布料，总是教我流连忘返。畅销商品是套子可拆下换洗的塔拉（Thala）沙发，一旦坐上去，好像一辈子都会赖着不想起来。衷心推荐这家充满新奇、都市风，将各国特色融会贯通却又那么巴黎的好店！

伦敦：38–40 New Cavendish Street
巴黎：19 and 22, rue Saint-Nicolas, 12e
Tel. + 33 (0)1 53 02 96 96
6, rue Pavée, 4e
Tel. + 33 (0)1 44 61 04 20
9, rue Jacob, 6e
Tel. + 33 (0)1 53 10 08 86
www.caravane.fr

## 收纳盒首选

### 无印良品

这个品牌来自日本，风格干净纯粹，跟什么都很搭。我有点儿恋盒癖：喜欢收集很多盒子，层层堆叠起来，让公寓里到处都看得到它们的踪影。无印良品是收纳用品的天堂。所有的商品看起来都一样简约、透明、纯白，清爽大方，绝对没有买错的风险！

伦敦：157 Kensington High Street
纽约：620 Eighth Street
巴黎：30, rue Saint-Sulpice, 6e
Tel. +33 (0)1 44 07 37 30
www.muji.com（全球）
www.muji.com.cn（中国大陆）

## 个性首选

### Galerie Sentou（桑多艺廊）

我喜欢的就是这种设计风。在这里可以找到好东西和适合当作小礼物送人的讨喜玩意儿。除了Tsé & Tsé（谢 & 谢）、Roger Tallon（罗杰·塔隆）以外，还有Sentou的自有品牌商品，都兼具独树一帜又可轻松与各种装潢搭配的特色。

巴黎：26, boulevard Raspail, 7e
Tel. +33 (0)1 45 49 00 05
29, rue François-Miron, 4e
Tel. +33 (0)1 42 78 50 60
www.sentou.fr

## 趣味家具首选

## La Maison Darré（拉迈松达雷家具店）

文森特·达雷是我最亲密的好友之一，他在一头栽进艺术家具的世界之前，从事的是时尚行业。他拥有超强的创造力，这家店就像是间稀奇古怪的实验室，陈列的品项和家具精密又丰富多样，比如脊椎造型的椅子（Chaise Vertèbres）或桌腿设计成骨头模样的写字台（Bureau des vanités），妙趣横生的风格教人难以抗拒。

巴黎：32, rue du Mont-Thabor, 1er
Tel. 33 (0)1 42 60 27 97
www.maisondarre.com

## 裱框首选

## Gypel（吉佩尔装裱店）

这家裱框专门店可以将任何物品、照片或画作以最佳的方式呈现，拥有各种好点子，来做出你想要的效果，是打点家里装潢不可错过的好帮手。

巴黎：9, rue Jean-Jacques-Rousseau, 1er
Tel. +33 (0)1 42 36 15 79

PARIS · EXCLUSIVE ·

## 怀旧古董首选

# Broc'Martel

（布罗克之锤）

这个地方值得我们一探究竟。它是一个卖旧货的二手店，但布置得井然有序。老板洛朗斯·佩尔瑞德提供一些精选过的商品。当她发现了不同寻常的宝贝，会修好之后再出售。20 世纪 50 年代的家具、广场艺术品、工业产品、LOFT 风格的灯饰……这些东西搭配在一起看上去很不错。如果你要找老式的椅子，这里有一流的样式。

巴黎：12, rue Martel, 10e
Tel.+33(0)1 48 24 53 43
www.brocmartel.com

## 巴黎超级好玩店

# Tombées du camion（从卡车上掉落的宝贝）

这里简直是一个复古宝藏（从十九世纪末到上世纪八十年代）……而且都是全新的宝物！旧时工厂库存，全都是与众不同的新奇东西，室内装饰的点睛之物。即使是一堆上世纪 20 年代的毛绒熊玩具的眼睛，或者布娃娃的腿，摆放在敞口瓶里，绝对独树一帜。甚至还有地球仪形状的削笔刀，那些特别的款式尤其让人不免怀旧起来。曾经被我们遗忘的旧时新奇玩具，在这个时候突然又找到了用武之地。你会不由得就逛上好几个小时，这里就是一座阿里巴巴的宝库，而主人是一位室内装饰设计师，名叫查理·马斯，他设计和装饰了多家餐厅和店铺。

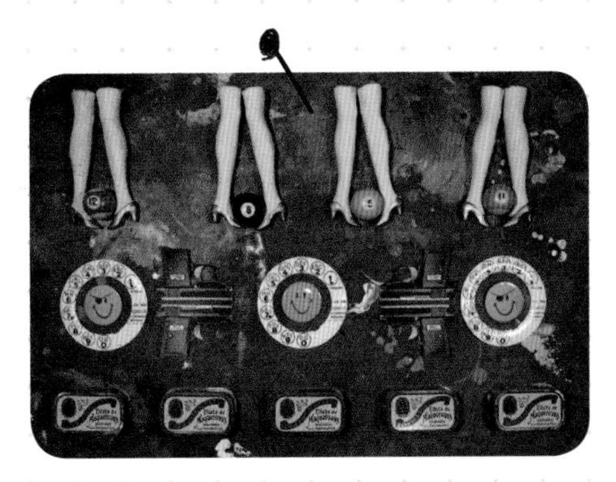

巴黎：17, rue Joseph de Maistre, 18ᵉ
Tel. +33 (0)9 81 21 62 80
www.tombeesducamion.com

## 相册首选

# Bookbinders Design（封面设计相册馆）

在黑色相册上用银色标上名字或摄影年份，十分漂亮雅致。另外也推荐收藏 DVD 用的活页夹，在空间狭小的公寓里，这绝对是展现自我收纳品位的妙方。

墨尔本：The Galleria, Shop E25, 385 Bourke Street
巴黎：130, rue du Bac, 7e
Tel. +33 (0)1 42 22 73 66
www.bookbindersdesign.com

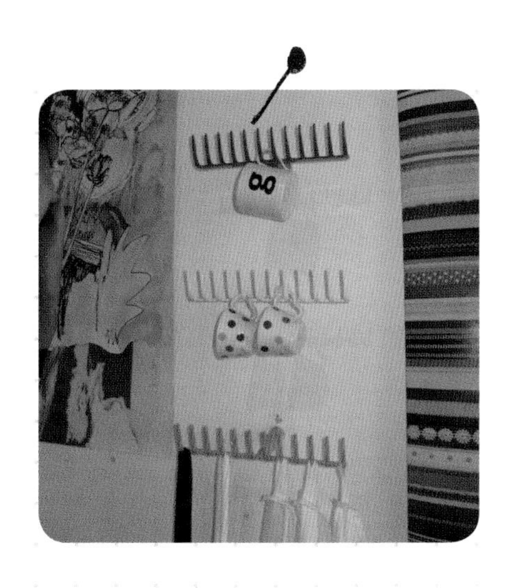

## 欧洲设计师首选

# The Collection（集结家饰店）

这是家欧洲设计师的家饰店。特别推荐 The Collection 的独家设计师商品，还有特蕾西·肯德尔的壁纸、阿特利尔·布林克的布罗康特沙龙地毯（Brocante de salon）和埃米莉·拉比耶的自粘饰条，可以随意在上头书写，再任意擦去。富有巧思的商品和充满诗意的设计氛围，让人一试成主顾。

巴黎：33, rue de Poitou, 3e
Tel. + 33 (0)1 42 77 04 20
www.thecollection.fr

## 时尚艺廊

# Éric Philippe

（埃里克·菲利普艺廊）

这家艺廊坐落在巴黎最美的廊街（Passage）里。埃里克·菲利普是 20 世纪家具方面的专家，尤其是 19 世纪 20 年代到 80 年代的斯堪的纳维亚设计家具。此外，这里也有 20 世纪 50 年代的美国设计师的作品。线条干净、纯粹、相当漂亮，深得我心。埃里克还提供设计咨询服务，尽管发问就是了！

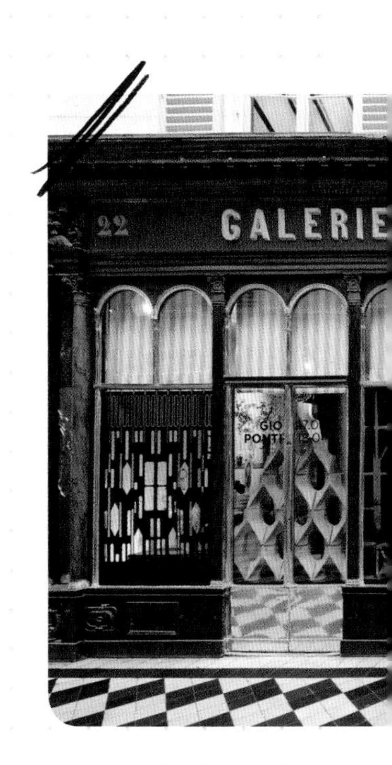


巴黎：25, galerie Véro-Dodat, 1er
Tel. +33 (0)1 42 33 28 26
www.ericphilippe.com

## Galerie du Passage

（长巷艺廊）

这家在 Éric Philippe 正对面的艺廊创立已有 20 多年，店主皮埃尔·帕斯邦以其横跨 20 世纪到今日的家具和饰品精选收藏享誉全球。艺廊中经常会举办值得一看的展览，只要进到这个热情的地方，很难不着迷而流连忘返。

巴黎：20–26, galerie Véro-Dodat, 1er
Tel. +33 (0)1 42 36 01 13
www.galeriedupassage.com

## Art Up Deco

（最佳装饰艺术）

艺术品只要 60 欧元起！这个概念本身就相当吸引人。我最近在这里买了两幅年轻画家超赞的画作，售价就跟在超市一样平易近人。或许这会成为艺术界的新潮流也不一定！

巴黎：39–41, avenue Daumesnil, 12e
Tel. +33 (0)1 46 28 80 23
www.artup-deco.com

# 4. 完美晚宴倒计时

所有人都认为，我会举办非常讲究的晚宴来款待巴黎有头有脸的人物。然而，这完全不是我会做的事！当我在家设宴时，目的是跟朋友聚聚，而不是整晚都在厨房里度过。该如何安排一场现代巴黎女人的晚宴？以下是我的倒计时。

## 晚宴前120分钟

→结束一天的工作，我匆忙赶回家中。通常我从不考虑大肆采购，仅有足够的时间买只鸡。我还来不及打扮，客厅里堆满报章杂志和小孩乱七八糟的东西。

## 晚宴前90分钟

→我将鸡和厨房中能找到的任何东西——例如剥皮西红柿、洋葱以及许多不同的香料（咖哩、芫荽、百里香等），一起放进万能锅中以文火炖煮。在此同时，我整理家务，并洗个澡。

## 晚宴前60分钟

→我让小孩负责摆饰餐桌，他们是点子王。我先铺上一张彩色桌布（海蓝色总能带来好印象），其余由他们接手。有一次他们用黑色塑料餐盘，搭上白色瓷器，引来了众人喝彩，自家设计的餐桌装饰很有艺术感。

## 晚宴前30分钟

→以前我总觉得必须提供各种开胃酒，但现在，光是红、白酒就足以取悦所有人，而且你还有时间参与整场晚宴。至于那些不喝酒的人，白水和果汁便能搞定！

## 客人来啦！

客人抵达时，我先端上芝麻面包棒、小西红柿和迷你蔬菜，它们都以玻璃杯盛装，很漂亮。最重要的是，一定要让宾客在上桌前就已饥肠辘辘。等待的时间越长，主菜越美味。

## 晚宴后 90 分钟

是该煮印度香米饭的时候了，它能为晚宴增添优雅的情调。这时，客人们应该已经开始失去耐心，大呼“好饿”。

## 晚宴后 120 分钟

客人饿坏了，他们扑向各自的盘子，爱死了这只“刚刚说什么口味来着”的鸡。几年的经验累积让我了解了一件事：人家可不是来吃便饭的！他们是为了要来看你，而不是吃大餐。这城市已经有很多厨师能提供这项服务，而我们也不是为了炫耀厨艺。我最近参加了一场愉快的晚宴，主人问我：“你想要什么口味的比萨？”在询问过所有人后，她再向隔壁的意大利餐厅点餐。每个人都满意自己的比萨，主人也毫无压力，以完美晚宴倒计时跟我们度过一整晚。在厨房忙进忙出已经落伍了。如果你真的坚持扮演法国米其林名厨迪卡斯，就得事先料理好所有的东西！

## 晚宴后 180 分钟

甜点，通常是要有点儿喜感、令人开心的东西。我喜欢把巧克力慕斯装在玩具餐具般的小铝锅中，或者端上甜筒冰激凌（冰激凌当然是买的），都让一切更加有趣！总之，如同时尚与装饰的不二法则：“少就是多”，别过度准备，气氛自然就能轻松。我敢打赌，大批深受古代礼教约束的“女奴们”，会举双手赞成这种待客之道……这当然比拘谨的晚宴更加令人愉快。

## 大厨速成术

当然不能一连10次都以同样的菜色招待同一群朋友。如果你跟我一样，唯一的拿手菜是万能锅炖鸡或意大利面（包装上有食谱的那种），可以报名去上一堂厨艺课，学点儿讨喜又简单的料理。就算只是点外卖寿司送到家中，也是不错的变化。对一位每次都以鸡肉料理招待你的女性友人来说，送她一堂厨艺课也不失为好礼物！

**我最爱的巴黎厨艺教室**

L'atelier de Fred

（弗雷德的聚会）

Passage de l'Ancre

巴黎：223, rue Saint-Martin, 3e

Tel. +33 (0)1 40 29 46 04

www.lateliardefred.com

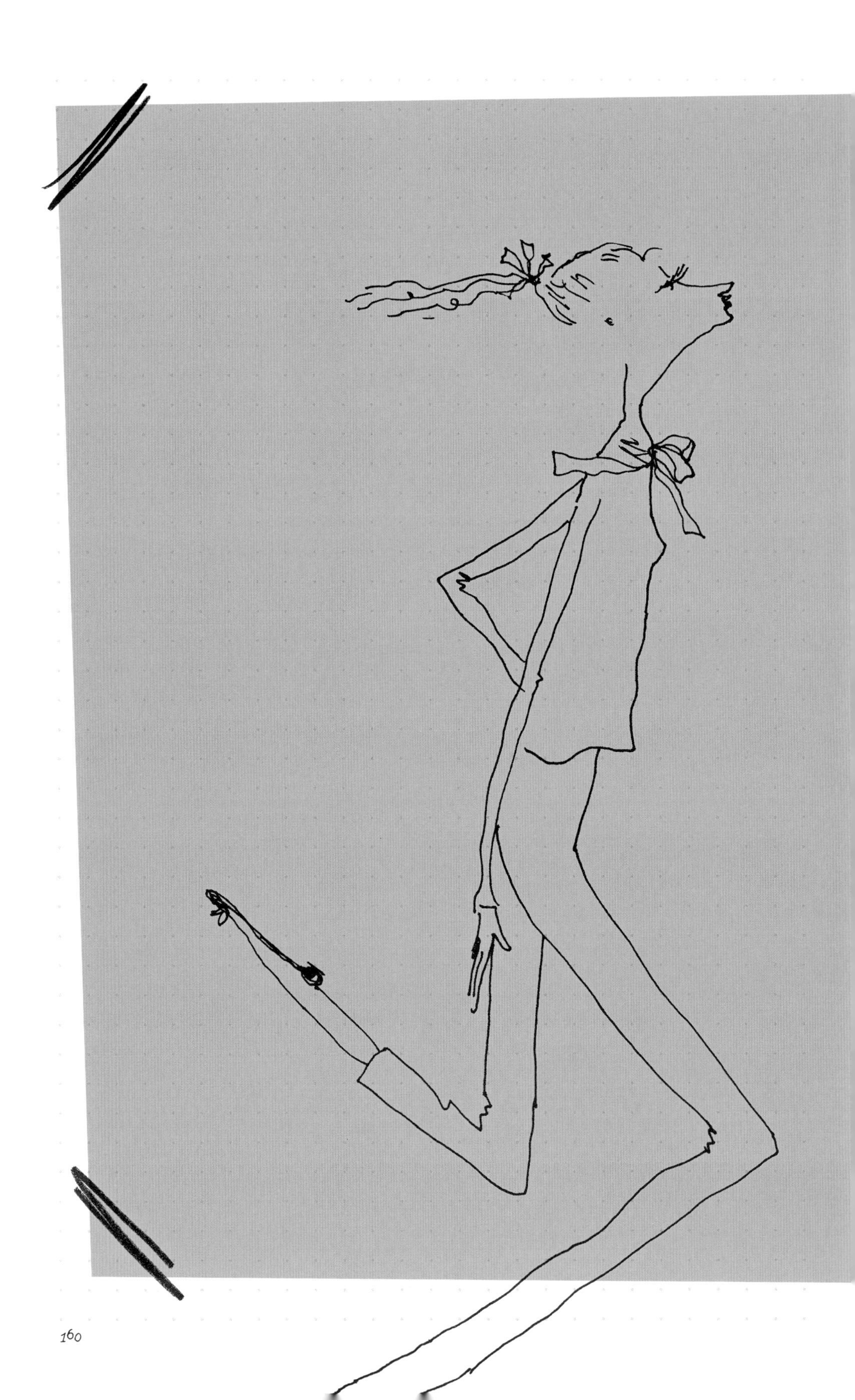

PART 4

# 我的私房巴黎

# 1. 巴黎秘境

正点的巴黎女人，除了风情万种之外，也都各拥一套享受巴黎的秘籍。在自家附近探险，参观鲜为人知的博物馆，出没新奇、饶具异国风味的场所。若你想要在巴黎好好逛一逛，这儿有一些我最喜欢的消遣和秘密基地。

# 非主流博物馆

→ 虽有卢浮宫、奥塞美术馆和蓬皮杜中心，不过巴黎女人更喜欢拜访鲜为人知的博物馆，仿佛握有认识艺术的独特通道，让她喜不自禁！以下是 4 家我最喜欢的博物馆。

## Musée Dapper

（达佩尔博物馆）

巴黎：35 bis, rue Paul Valéry, 16$^{e}$
Tel. +33 (0)1 45 00 91 75
www.dapper.com.fr

* 以非洲艺术为主题，以雕刻最为出色。如果说："我要去 Musée Dapper，你知道吗？"无论何时听起来都非常专业，因为很少人知道它。接着补充："它们的展览棒极了！"将更有说服力。

## Musée Marmottan Monet（马蒙坦莫奈博物馆）

巴黎：2, rue Louis Boilly, 16$^{e}$
Tel. +33 (0)1 44 96 50 33
www.marmottan.com

* 这家献给印象派的博物馆，位于一栋有花园的漂亮私人建筑里。你应该去那里欣赏全世界最重要的画家克劳德·莫奈的作品收藏，令人印象深刻，快告诉朋友吧。

## Musée Cognacq-Jay

（哥纳克–珍博物馆）

巴黎：8, rue Elzévir, 3$^{e}$
Tel. +33 (0)1 40 27 07 21

* 这家小美术馆是个未公开的秘密，就算在巴黎也不例外！里头收藏着绘画、雕刻、素描、家具和瓷器，所有藏品大都能回溯到 18 世纪，由 la Samaritaine（拉萨马里塔尼）百货公司的创办人埃内斯特·科尼亚克收藏，当然非常巴黎！

## Musée Jacquemart-André

（雅克玛克–安德烈博物馆）

巴黎：158, boulevard Haussmann, 8$^{e}$
Tel. +33 (0)1 45 62 11 59
www.musee-jacquemart-andre.com

* 馆藏来自一对热爱佛兰德斯（Flemish）和意大利文艺复兴时期绘画及稀有家具的艺术狂热者。距离香榭丽舍大道不过 5 分钟的路程，坐落于一栋值得一探的住宅里，馆内拥有全巴黎最雅致的茶室。近距离观赏艺术品，又可以品尝甜点，让眼睛和味蕾同享盛宴！

# 巴黎女人的态度

→ “什么？你竟然没有去过？“ 巴黎女人就喜欢嘲笑女友的” 无知 “。尤其说到那些人们以为是废墟的神秘地方。她们喜欢挖掘魔都有历史的地方。于是，这些地方再次成为时尚人士的时髦地标……

## 神秘影楼

“拍这张照片也就是几分钟的事“。巴黎女人喜欢说自己做事从来不费吹灰之力。但是这绝对是一张精心拍摄、费时处理过的照片，犹如上世纪 30 年代的明星照。她在哪里拍的？巴黎的雅顾影楼。从 1934 年以来，所有的名人都在这里拍摄过这种独特的黑白肖像照。你可以在这里拍摄一张写真肖像，也可以穿上你的婚纱，在超乎现实感觉的场景里拍上一组纪念照。巴黎女人喜欢“时尚传奇日“，像名模一样整整拍上一天。需要至少四个女友，并且费用高昂，但可以作为一份独特的礼物。当然，也许有些人会觉得这有点雷同……不过，只要你喜欢他们的写真摄影，你就可以掏钱让他们为你服务！

### Studio Harcourt

（雅顾影楼）

巴黎：6, rue de Lota, 16$^{e}$

Tel. +33 (0)1 42 56 67 67

www.studio-harcourt.eu/fr

# 老书店

巴黎女人很爱买书，但没什么时间看书。我要介绍一些让我超感动的书店，里头有令人爱不释手的艺术、时尚、特别版书籍、印刷品，还有过期杂志，拿来做装饰用再合适不过了。随心所欲地翻阅看看吧。

## Librairie F. Jousseaume

（F. 茹索姆书店）

这处宁静的角落充满舒适的光线。如果你喜欢旧书，一定会爱上这个地方，这里还能找到19世纪的时装插画。

巴黎：45-47 galerie Vivienne, 2e
Tel. +33 (0)1 42 96 06 24

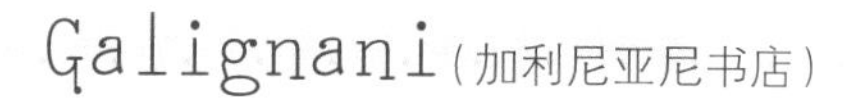

## Galignani（加利尼亚尼书店）

首家创立于欧洲大陆的英文书店，除了英文书籍与杂志外，当然还有法文书。其中又以时尚类丛书最为出色，我可以一待就是好几个小时！

巴黎：224, rue de Rivoli, 1er
Tel. +33 (0)1 42 60 76 07
www.galignani.com

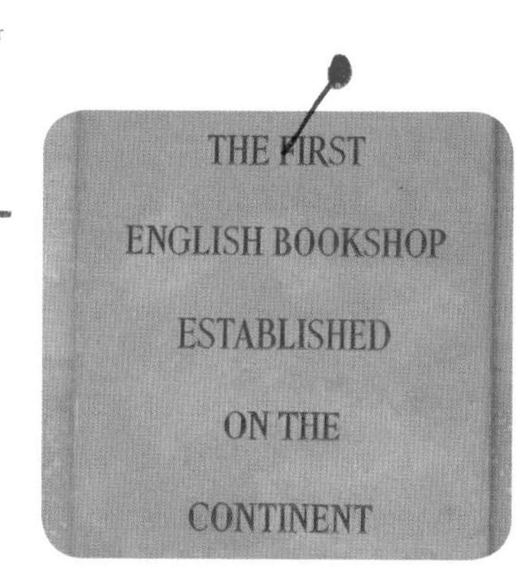

© Karl Lagerfeld

## L'Ecume des Pages

（泡沫页书店）

这家圣日耳曼–德佩区中倍受推崇的书店，专卖在巴黎掀起话题的热门书籍。

巴黎：174, boulevard Saint-Germain, 6ᵉ
Tel. +33 (0)1 45 48 54 48
www.ecumedespages.fr

## La Librairie des Archives

（档案馆书店）

艺术类丛书的宝库，更是寻觅罕见或绝版书籍的好地方。

巴黎：83, rue Vieille-du-Temple
Tel. +33 (0)1 42 72 13 58
www.librariedesarchives.com

## Librairie 7L （7L书店）

虽然没有悠久的历史，但依然不妨碍 7L 书店成为人们的朝圣地。书店由老佛爷卡尔·拉格斐创办，因此所有商品的质量都值得我们信赖。当然，我们可以找到很多时尚大王 King Karl Lagerfeld 的爱猫 Choupette 的周边商品。书店精选了涉及时尚、设计、摄影、艺术、建筑的出版物，这里甚至还有记录 Choupette 的幸福生活的时尚日记。

巴黎：7, rue de Lille, 7ᵉ
Tel. +33 (0)1 42 92 03 58
www.librairie7l.com

# 条条大路通巴黎

巴黎女人热爱旅行、尝遍天下，要是可以在她们心爱的城市里环游世界，那是再好不过的了！我搜集了好些异国风的商店，或许同时，还可以替一些异乡人一解乡愁。

## 日本

### nanashi

（娜娜西餐厅）

巴黎：31, rue du Paradis, 10e
Tel. +33 (0)1 40 22 05 55
www.nanashi.fr

这是新中产阶级会为了便当盒光顾的地方。在这里你有三个选择：肉、鱼、蔬菜。店里的装饰基本是这样的：木椅子，墙上的石板菜单和五颜六色的灯笼。你还能听到法国腔的日语。这里的美食首先得健康（至少主菜是这样的）。但要想吃到地道的日本菜，就得去东京才行了。

## 印度

### La maison du Kashmir

（回家，克什米尔）

巴黎：8, rue Sainte-Beuve, 6e
Tel. +33 (0)1 45 48 66 06

一踏进这家餐厅，马上就能从装潢中得知你身在何处——红色、粉红色、滚着金边的窗帘，折成扇形的桌巾……印度，我们来了！该点些什么？素食塔利和印度酸奶拉昔，保证地道的旅游体验！

## 北非

### The tearoom at the Paris mosque

（巴黎清真寺茶室）

巴黎：39, rue Geoffroy-Saint-Hilaire, 5e
Tel. +33 (0)1 43 31 18 14

夏天，坐在装点着缤纷马赛克的露天小中庭里，喝一杯超甜薄荷茶，点几样玻璃柜中展示的糕点——蜂蜜或杏仁蛋糕，还有北非甜点“羚羊角”（cornes de gazelle），虽然和节食完全扯不上边，但就是好吃嘛！

## 美国

### Coffee Parisien
（巴黎人咖啡）

巴黎：4, rue Princesse, 6e

Tel. +33 (0)1 43 54 18 18

装饰于墙壁和桌布上的美国总统画像，洋溢着非常美式的风情。对那些只想大啖汉堡和薯条的小朋友来说，这是家再适合不过的餐厅！至于多少想保持身材的父母，这里也提供美味的色拉。

### Thanksgiving（感恩小铺）

巴黎：20, rue Saint-Paul, 4e

Tel. +33 (0)1 42 77 68 29

www.thanksgivingparis.com

这是家供应美国产品的食品杂货店，包括：制作薄烤饼的面粉、保罗·纽曼爆米花、奥利奥饼干，以及（对美国人而言地位和圣诞节一样重要的）感恩节特大号火鸡。至于爱吃早午餐的人，楼上的餐厅 Cajun 是很棒的选择。

## 英国

### WH Smith（史密斯杂货铺）

巴黎：248, rue de Rivoli, 1er

Tel. +33 (0)1 44 77 88 99

www.whsmith.fr

这家位于一楼的迷你杂货店，出售一些无法在巴黎其他地方找到的英国产品——很棒的英文童书、教学 DVD，还有英国和美国的杂志。

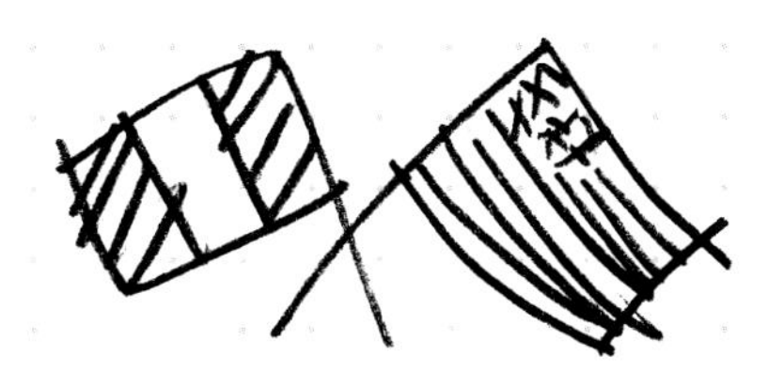

## 意大利

### Casa Bini（卡萨比尼餐厅）

巴黎：36, rue Grégoire-de-Tours, 6e

Tel. +33 (0)1 46 34 05 60

食物美味、正统，犹如一所托斯卡纳厨艺学校。有热情的意大利式接待，还有新鲜的意大利面。装潢有点儿阳春白雪，但上门的顾客都很有型。记得预约，因为对 Casa Bini 上瘾的常客不但每周都来，也不打算让出座位。

### Cibus（食物餐厅）

巴黎：5, rue Molière, 1er

Tel. +33 (0)1 42 61 50 19

只有六张桌子（所以预约是很有必要的），这家意大利餐馆的食材全是有机的。这里有一种神秘的气氛，你需要适应一下。它给人一种既舒适又亲切的感觉。东西真的很好吃，你会被美味迷得神魂颠倒的。菜单不断变化，这一切都取决于生鲜食品市场给厨师带来了什么灵感。马苏里拉奶酪、火腿、提拉米苏——无论你选择什么，都是正宗的意大利风味。

## 2. 巴黎合家欢

我的朋友老问我："在巴黎生活，要怎么应付小朋友？"答案非常简单：巴黎有那么多吸引她的东西，所以这问题我压根儿没想过！博物馆、公园、玩具店、书店、表演活动和古迹……和小朋友一起在巴黎溜达，总是非常有趣！

## Bonpoint（邦点服饰）

在 Bonpoint，你一定可以找到想要的东西。特别是这家位于图尔农街的分店，真是美极了。从婴儿到青少年的服饰都有，色彩温柔、印花精致、剪裁舒适优雅。冬天人们抢购羽绒衣；而夏天，碎花小洋装和小男生的衬衫都炙手可热。还有婴儿专用的香水，是很棒的新生儿礼物。当你大逛特逛时，若小朋友感到不耐烦（这种情况应该不会发生，因为店内有座供孩童玩耍的小木屋），就答应给他一块楼下餐厅的布朗尼蛋糕。该餐厅位于枝叶茂密的中庭里，我要是没告诉你，可能你不会发现！

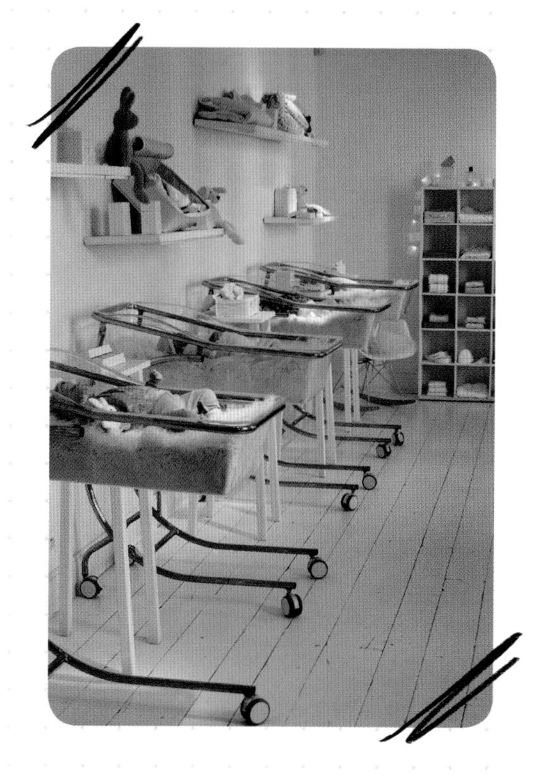

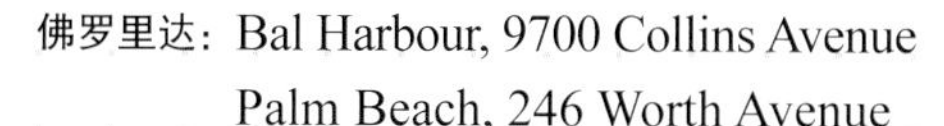

佛罗里达：Bal Harbour, 9700 Collins Avenue
Palm Beach, 246 Worth Avenue
贝弗利山庄：9521 Brighton Way
纽约：805 and 1269 Madison Avenue and 392 Bleeker Street
伦敦：256 Brompton Road,
15 Sloane Street,
52–54 Marylebone High Street
and 197 Westbourne Grove
巴黎：6, rue de Tournon, 6$^{e}$
Tel. +33 (0)1 40 51 98 20
www.bonpoint.com

Bonpoint

Bonpoint

## Baudou（邦豆儿童家具）

尽管换过店名，但它仍然是 Bonpoint 的家具店。想要打造一间温柔可爱、有质感的儿童房，来Baudou就对了。此外，它也是选购柳条摇篮的理想地点。就算没有多余的空间可以摆放家具，你也可以在所有令人难以抗拒的毛绒玩具中，挑一只带回家！

巴黎：7, rue de Solferino, 7$^{e}$
Tel. +33 (0)1 45 55 42 79
www.baudoumeuble.com

## Zef（泽夫服饰）

一家充满诗意的店，灵感来自意大利籍的老板马留・安德烈斯。星星印花是明星商品，从轻薄的小洋装到冬天的外套，所有的衣服都太迷人啦。还有给宝宝的Zef Piccolo系列，真的非常可爱，让人一再手滑——绝不可能空手而回！

巴黎：55 bis, rue des Saints-Pères, 6e
Tel. +33 (0)1 42 22 02 93
32, rue de Richelieu, 1er
Tel. +33 (0)1 42 60 61 04
93, avenue Kléber, 16e
Tel. +33 (0)1 45 53 55 89
www.zef.eu

# The jardin du Luxembourg

（卢森堡公园）

它是巴黎塞纳河左岸最受小朋友欢迎的公园，可惜只有一小片草皮开放野餐，所幸还有一大堆别的事情可做。为了让小宝贝们晚上可以早点儿入睡，我有一整个下午的完美计划：

* 以参议院前方的池塘为起点，租一艘小帆船，小心不要撞到鸭子。

* 前往秋千架（就在网球场旁）。让你的小孩坐上秋千，让他荡一会儿。

* 玩完秋千，等头不晕了，将他安置于正后方林荫道上的小型脚踏车中，让他尽情地踩踏。

* 筋疲力尽之后，给他一些奖励。到木偶剧场（les Marionnettes）的点心店，享用美味的烤薄饼！

* 欣赏卢森堡室内木偶剧场的表演（特别是雨天或冬天）。老剧场会给他留下一辈子的回忆。

* 离开剧场后，让他坐几圈“中世纪”旋转木马，可以再帮他消耗些精力：每个孩子会拿到一支小长矛，他得在木马绕圈圈时，像中世纪骑士一样，击中管理员先生手中的小盾牌。

* 骑一小圈迷你马（位于公园吉内梅入口对面的林荫道上），以美好的方式结束这一天。经过这一切之后，我保证你可以度过一个平静的夜晚……除非你也累坏了！

# Parc des Buttes Chaumont, 19e

（19区肖蒙公园）

由于位置偏僻，因此经常被遗忘。公园内冈峦起伏，让你得以坐拥动人的巴黎风光。和卢森堡公园一样，这里也有游戏器具、木偶剧场和小马，但最让小朋友着迷的，是钟乳石洞、瀑布、天桥和吊桥。此外，也可以在公园内的草地上野餐。值得你买张地铁票前往！

## 小孩穿小衣

**打扮小朋友的3项秘诀：**

- **避免混搭过于鲜艳的印花，**虽然他还小，但不代表就得穿成小丑。

- **别怕将他打扮得全身黑压压，**如此一来就不怕弄脏。如果你还是坚持他不该这么“黯淡”，就帮他穿上色彩缤纷的鞋子、一条围巾或是一件有颜色的外套。这造型小秘诀，也适用于10岁以上的小朋友！

- **为了不要和小孩展开一场穿衣战争，定期让他自己挑选一件衣服。**但如果儿子就是要那件和心目中超级英雄一样的荧光橘T恤，或是女儿嚷着要穿粉红色芭蕾舞短裙出门，那就太糟了。不过，谁年轻时没犯过错呢？

1
1/2
6

COIFFEUR
CAPILLICULTEUR
Soins des cheveux
CAPILO

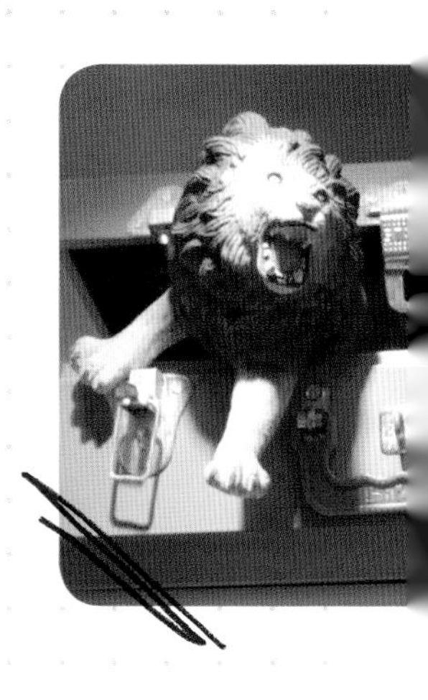

# Bonton（邦东童趣店）

位于格勒内勒街的Bonton已经很棒了，但这家分店可说是Bonton的品牌旗舰店，所有东西都令人爱不释手。衣服简单、低调耐穿，一流的材质，缤纷但不过度鲜艳的色彩。它实在太受欢迎了，让人不禁惋惜它只是一家小朋友的店。这处新据点距离Merci（参见P141）不过几步之遥，三层楼的空间全用来打扮小朋友、装饰他的房间（这里塞满漂亮且有趣的小东西），甚至替他打理发型（一位发型设计师进驻店中）。也可以在此享用下午茶，有既好吃又好看的蛋糕，还有小朋友的创意工作室。还想玩些什么？在复古黑白快照亭，拍组四连拍照片！这家店里有太多事可做，足以让人玩上一整天！

巴黎：5, boulevard des Filles-du-Calvaire, 3e
Tel. +33 (0)1 42 72 34 69
82, rue de Grenelle, 7e
Tel. +33 (0)1 44 39 09 20
www.bonton.fr

# Bass et Bass

（贝斯贝斯玩具）

老式的玩具在这个视频游戏当道的年代也一样流行。这家的木质玩具虽然是新的，但却有种复古的感觉。我经常拿漂亮的木质玩具当礼物：即便孩子不喜欢玩，它们也能做一件漂亮的卧房装饰品。这里的特色商品还有上发条的金属玩具——旋转木马、机器人、大象，等等。

巴黎：8, rue de l'Abbé-de-L'Épée, 5e
Tel.+33(0)1 42 25 97 01
La Boutique Bass:
229, rue Saint-Jacques, 5e
Tel.+33(0)1 43 25 52 52
www.bassetbass.fr

www.parisdenfants.com

这个网站介绍了许多有趣的博物馆行程，还有巴黎街头寻宝路线。由于实在是太好玩了，你绝不会听到小朋友说：“我们什么时候要离开博物馆？”或是：“我再也走不动了，我要搭地铁！”

## Milk on the Rocks

（岩石上的牛奶）

富有想象力的细节、摇滚图案、惊人的色彩，还有舒适的面料——这个品牌的童装能让孩子和父母都满意。这真是太棒了，你可以带着孩子来一次购物之旅。这家精品店里到处都是让孩子高兴的小玩意。

巴黎：7, rue de Mézières, 6e
Tel.+33(0)1 45 49 19 84
www.milkontherocks.net

## Agnès b.

（阿涅丝贝童装）

当你想帮孩子挑选黑色衣物时，来这里就对了。阿涅丝是首批大胆将黑色运用在童装上的设计师之一，值得鼓励！

巴黎：Jour Enfant
4, rue du Jour, 1er
Tel. +33 (0)1 40 13 91 27
www.agnesb.com

## Musée National d'Histoire Naturelle and the Ménagerie du jardin des Plantes

（国立自然史博物馆和植物园附设动物园）

所有小巴黎人都曾到此一游（通常是校外教学），欣赏宏伟的进化厅和标本。天气晴朗时，大伙儿会前往附设动物园，它是全欧洲最古老的动物园之一。无数巴黎父母都有过同样的经历：在即将闭园时，想尽办法把依依不舍的孩子和猴子们分开！

巴黎：36, rue Geoffroy Saint-Hilaire, 5$^{e}$
Tel. +33 (0)1 40 79 54 79
www.mnhn.fr

## Tour Montparnasse

（蒙帕纳斯大楼）

全巴黎视野最好的地方，因为在此看得见埃菲尔铁塔，却看不见大楼本身！

巴黎：33, avenue du Maine, 15$^{e}$
Tel. +33 (0)1 45 38 52 56
www.tourmontparnasse56.com

## The cafe at the musée Rodin

（罗丹博物馆附设咖啡馆）

夏天时非常适合和小朋友在此共进午餐，坐落于一片绿意之中，四周环绕着著名的雕像。在呼吸新鲜空气的同时，接受文化熏陶——是小巴黎人最棒的郊游地点！

巴黎：79, rue de Varenne, 7$^{e}$
Tel. +33 (0)1 44 18 61 10
www.musee-rodin.fr

## Musée Carnavalet

（卡纳瓦雷博物馆）

坐落于两栋宅邸之间，规模不大，但相当值得一看！它无疑是小朋友认识巴黎历史的绝佳通道。“有人在多曼斯尼大道（avenue Daumesnil）上发现了一颗长毛象的牙齿。”光这件事就足以让他在家里讲上三天。拥有近60万件藏品，想一次看完是不可能的。

巴黎：23, rue de Sévigné, 3e
Tel. +33 (0)1 44 59 58 58
www.carnavalet.paris.fr

## Shakespeare & Company

（莎士比亚书店）

爬上巴黎这家传奇书店后方的阶梯，前往舒适的儿童图书区，里头堆满了英美两国深受欢迎的童书、舒适的坐垫，还有一只驻馆猫！

巴黎：37, rue de la Bûcherie, 5e
Tel. +33 (0)1 43 25 40 93
www.shakespeareandcompany.com

## Jardin des Tuileries, 1er

（杜乐丽花园1区）

如果你的小孩没事就喜欢跳床，带他去杜乐丽花园吧！那里有8大张让人起飞的蹦蹦床，远比坐旋转木马要有趣得多了！

## 埃菲尔铁塔

必访景点。先上网购票（www.tour-eiffel.fr），就不用像游客一样排大长龙——或者，爬楼梯上去！

## Pain d'épices

（香料面包模型屋）

坐落于巴黎廊街里的奇特商店，专卖模型屋，拥有各种尺寸、各式各样的家具（比方说厕所），或是小蛋糕，甚至迷你版的大富翁游戏。当我想送一件充满个人特色的礼物时，会买一个玻璃罩木头展示盒，并挑选几件能展现收礼人特质的迷你小物件，做成一件有趣的装饰品，例如：电钻适合喜欢 DIY 的人，洋装则适合时髦的女孩。

巴黎：29-33, passage Jouffroy, 9e
Tel. +33 (0)1 47 70 08 68
www.paindepices.fr

## Librairie Chantelivre

（尚特里沃书店）

童书圣地。这家书店的橱窗布置，总是展现无人能及的创意，让小朋友的阅读胃口大开——快帮它捧捧场！

巴黎：13, rue de Sèvres, 6e
Tel. +33 (0)1 45 48 87 90
www.chantelivre.fr

## Jardin Catherine Labouré（凯瑟琳的花园）

→ 29, rue de Babylone, 7e

由于隐身于墙后，所以无法直接从街上看见，是巴黎少数开放草皮的花园之一。想来顿别致的野餐，不妨到附近的拉格兰德杂货铺采买些食物。这座花园只有内行人才知道，偶然撞见它的概率微乎其微。

# Palais de Tokyo（东京宫）和Tokyo Eat（吃在东京）

这家当代美术馆没有固定的常设展览，但馆内不断轮替的特展总是非常有趣。小朋友常是为了参加托克托克工作室（les Ateliers Tok-Tok）的活动而来：这些未来的艺术家参观完展览后，可以马上在工作室里创作相关的作品。如果你真的热爱艺术，甚至可以在此庆生。接着，前往设计感十足的 Tokyo Eat 餐厅，享受美味的儿童餐（其中又以汉堡最棒），大人也很喜欢这里风格现代的食物。周日强烈建议预约。

巴黎：13, avenue du Président Wilson, 16e
Tel. +33 (0)1 47 23 54 01
Tokyo Eat：
Tel. +33 (0)1 47 20 00 29
www.palaisdetokyo.com

## 网络儿童商店

**www.ovale.com**

主打超奢华的新生儿礼物，
像是纯银实心的拨浪鼓，
还可以当成钥匙圈。
伦敦：35b, Sloane Street
+44 (0)207 2355235

**www.aliceaparis.com**

布料天然、设计简单且价格合理的童装，性价比超赞。

**www.talcboutique.com**

3个月大婴儿到10岁儿童
的设计品牌。
兼具极简风格与创意。
它在巴黎也有几家实体店面，位于第3区（60, rue Saintonge，3e）和第6区（7，rue des Quatre-Vents，6e）。

**www.littlefashiongallery.com**

任何想将小孩打扮得有型有款的巴黎女人，一定要把这个网站记下来。若是10岁到20岁的青少年，则可以到这里逛逛：
www.mediumfashiongallery.com

**www.smallable.com**

网罗多家精致的小品牌，
也有环保玩具。

**www.petitstock.com**

顶级品牌低价出售，
巴黎女人爱死它了！

## Le Petit Souk

（小市集）

如果你正在为孩子们寻找新生儿的礼物或新颖的装饰品和服装，那你真应该逛逛这个地方，这里的东西有趣而不做作。你会发现兔子造型的小夜灯和可爱面料做成的小睡袋。商店还卖婴儿床上用品、配饰和文具——你永远不会觉得笔记本已经够多了！

巴黎：17，rue Vavin，6e
Tel. +33 (0)1 42 02 23 71
www.lepetitsouk.fr

## École Ritz-Escoffier（丽兹厨艺学校）

什么是送给喜欢《美食总动员》（*Ratatouille*）的小朋友最棒的礼物？一堂丽兹厨艺学校的烹饪课。上课地点就在丽兹饭店（Hôtel Ritz）的厨房。小厨师们换上全套的厨师服，动手烹饪一道预先从课表中挑选的主菜（可上网查询），之后带着美味的成品离开。我保证他还会想再去！

巴黎：15, place Vendôme, 1er
student entrance: 38, rue Cambon, 1er
Tel. +33 (0)1 43 16 30 50
www.ritzparis.com

## le（乐·童装杂货铺）

这个非常漂亮的地方，可以找到迷人的织品（以米为单位出售），以及让人手痒到不行的DIY小物。其中，复古小笔记本的文具区一定要去逛，还有出售印度生产、采用天然面料或手工编织、印染布料的童装，很耐穿！

巴黎：128, rue Vieille-du-Temple, 3e
Tel. + 33 (0)1 44 59 87 72

# 3. 巴黎回春

每个巴黎女人都知道外表所散发的完美光彩与身心灵的最佳状态是密不可分的。以下便是巴黎市区里，拥有让你焕然一新魔法的首选名店。

水疗馆

## Françoise Morice（弗朗索瓦丝·莫里斯）

Françoise是典型的法式专业沙龙，精于让肌肤改头换面，扫去所有岁月痕迹。另外，还推出名为 Kinéplastie 的脸部按摩疗程，可以让时间倒流，使脸部肌肤变得紧致、更有弹性，非常了不起！在我走出这家沙龙的时候，恨不得每个星期都要来一次……不过，最后还是没时间将这个计划付诸行动。

巴黎：58, bis rue François 1er, 8e
Tel. +33 (0)1 42 56 14 08
www.francoise-morice.fr

## Six Senses

（第六感）

这家新开水疗馆的装潢从木制的蚕茧造型芳疗室，到入口接待处的绿化墙，完全散发着自然主义的气息。它是全球连锁据点之一，其充满原始风格的疗程令巴黎女人跃跃欲试：在巴黎市中心居然也可以用蜂蜜做脸部保养！而且这些蜂蜜还是杜乐丽花园里的都市小蜜蜂辛勤工作的成果，收成的蜂箱就在这家水疗馆的屋顶上。真是名副其实的取之于巴黎，用之于巴黎！

巴黎：3, rue de Castiglione, 1er
Tel. +33 (0)1 43 16 10 10
www.sixsenses.com

## Nuxe（欧树）

所有巴黎女人都至少拥有一种 Nuxe 的产品（其中全效晶亮护理油 Huile Prodigieuse 是必败品），而且都是在药店或超市购入的（法国女生都超爱在超市选购美妆品！）。Nuxe 的水疗项目开展以后，更是教大家疯狂！映入眼帘的自然色系装潢和裸露石墙，让人一进门就置身于悠然自得的禅意中。

巴黎：32, rue Montorgueil, 1er
Tel. +33 (0)1 42 36 65 65
www.nuxe.com

## 美发

### Studio 34（34工作室）

这家隐身在绿意盎然小庭院里的热情洋溢的沙龙，外表看起来像是一般公寓。店主德尔菲娜·库尔泰耶是时常穿梭在时装秀后台的发型设计师，因此有不少名人在此出没。染发时可以请让（Jean）来为你服务，他曾经跟法国染护大师克里斯托夫·罗宾共事过很长一段时间；当我提出想染成金发的要求时，他爽快地答应了，在此之前还没人敢这么做呢！

巴黎：34, rue du Mont-Thabor, 1er
Tel. +33 (0)1 47 03 35 35
www.delphinecourteille.com

### Très confidentiel Bernard Friboulet（伯纳德·弗里布莱的秘密）

经常在店里坐镇的设计师伯纳德·弗里布莱，在这家装潢得像实验室一样白的沙龙里，提供以茶道为设计理念的植村秀艺术经典美发疗程，你一定得马上试试！伯纳德还有一个优点，就是在动手之前尽可能做好沟通，这样一来，保证不会出现令人后悔莫及的意外结果！

巴黎：Jardins du Palais Royal
44–45, galerie de Montpensier, 1er
Tel. +33 (0)1 42 97 43 98

## Romain Colors（罗曼的色彩）

想要自然到不行的发色，这里是首选。罗曼用的是植物性染发剂，且练就了一手炉火纯青的功夫，总是懂得如何赋予棕发光泽，或是为金发精心设计出几缕画龙点睛的挑染。他特制的神奇配方对发质还有养护功效。更厉害的是，他做出的整头挑染，就算长出新生发也看不出任何痕迹。店里的气氛，就跟店主的形象如出一辙地惬意。如果想剪头发，也可以放心交给沙龙里的设计师，他会尊重你想要保留的长度。Romain Colors 还有个最大的优点，就是每周三都开到很晚才打烊。总之一句话：快去报到吧！

巴黎：27, rue La Boétie, 8e
Tel. +33 (0)1 40 07 01 58
www.romaincolors.fr

### 便捷美甲店

## Nail Factory

虽说法国女人不是人人皆为美容专业人士，但是她们不时会找一个别致的地方，把自己的指甲美美地修整一番。在“Nail Factory”（巴黎有三家分店），感觉就像在纽约！是的，没错，巴黎美女尤其喜爱这种身在灯城巴黎却有心如置身大苹果纽约的感觉。

巴黎：147, rue de la Pompe, 16e
Tel. +33 (0)1 56 26 01 08
www.nailfactory.fr

## 香水

# Les Salons du Palais Royal/Les parfums de Serge Lutens（卢丹诗）

这是个美轮美奂的地方。Serge Lutens 的香水每一种都非常有个性。夏天时我喜欢洒上带有浓郁辛香调的 Ambre Sultan（橙色苏丹）。这是个选购礼物的理想去处，因为它还提供在美丽的香水瓶上镌刻名字字母缩写的服务。特别推荐迷你尺寸的可爱小口红，放在包包里实在太方便了。

巴黎：Jardin du Palais Royal
142, rue de Valois, 1er
Tel. +33 (0)1 49 27 09 09
www.salons-shiseido.com

# Guerlain（娇兰）

传奇品牌 Guerlain 是“法国制造”奢华香水的象征。这里有 Guerlain 先生驻店，他目前还会协助新香水的研发。店里陈列着经典款香水（Mitsouko、Shalimar、Habit Rouge、Vétiver）和重现品牌历史传承香氛的 La Parisienne（巴黎）系列。当然还有明星商品 Terracotta（提洛可粉饼），让每个待在办公室里享受不到阳光的巴黎女人，都能拥有健康的小麦色妆容！

巴黎：68, avenue des Champs-Élysées, 8e
Tel. +33 (0)1 45 62 52 57
www.guerlain.com

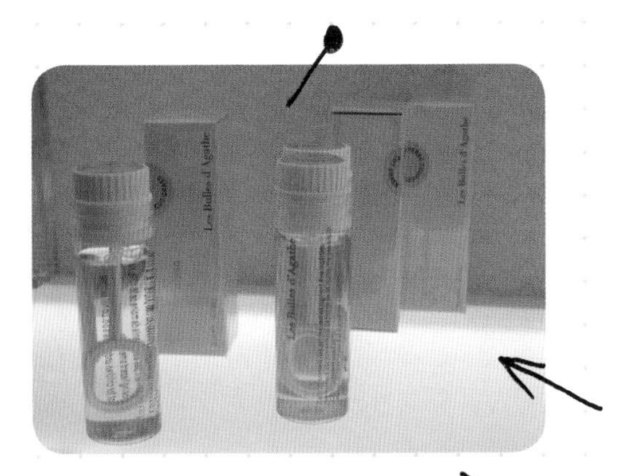

# Maison Francis Kurkdjian

（迈松·弗朗西斯·库吉尔安）

适合挑选香水礼品的美丽场所：简单明了地命名为 pour le matin（日用）和 pour le soir（夜用）的古龙水真是太好闻了。玩心大发的时候（或是想让孩子开心一下的时候），可以用西洋梨肥皂吹泡泡。最赞的是香水洗衣精，会让人每天都想亲手洗毛衣。

巴黎：5, rue d'Alger, 1er
Tel. +33 (0)1 42 60 07 07
www.franciskurkdjian.com

# Éditions de Parfums/ Frédéric Malle（弗雷德里克·马勒）

这里的产品，是时下最负盛名的调香师研制出来的原创之作，是真正的嗅觉艺术品。居家香氛更是教人难以抗拒！

巴黎：37, rue de Grenelle, 7e
Tel. +33 (0)1 42 22 76 40
www.editionsdeparfums.com

# Diptyque（蒂普提克）

巴黎女人都超爱 Diptyque 的香氛蜡烛，不过别忘了 Diptyque 的香水也同样教人着迷，例如散发细致木香调的希腊无花果淡香水（Philosykos）就很受欢迎。另外，它的保养品也值得一试，其中橙花水清新身体乳（Lait Frais à la fleur d'oranger）简直就是人间极品。

巴黎：34, boulevard Saint-Germain, 5e
Tel. +33 (0)1 01 43 26 77 44
www.diptyqueparis.com

## 挑蜡烛

# Cire Trudon

（图尔敦香烛）

这家由才华横溢的艺术总监拉姆丹·图哈米所执掌的店，是全球历史最悠久的蜡烛制造商。Trudon 出品的蜡烛，跟时尚界里一只 Hermès 出品的包包有着同等的价值。推荐送好友一支含有迷人古龙水香气的L'admirable，然后对她说："It candle 比 It bag 更传奇、更值得拥有！"

纽约：248 Elizabeth Street
伦敦：36 Chiltern Street
巴黎：78, rue de Seine, 6e
Tel. + 33 (0)1 43 26 46 50
www.ciretrudon.com

## 巴黎五大花店

### Arôm Paris
（芬芳巴黎）

在花束中融入了过人的创意，经常负责时尚晚宴的花艺设计。

巴黎：73, avenue Ledru-Rollin, 12e
Tel. + 33 (0)1 43 46 82 59
www.aromparis.fr

### Lachaume（拉绍姆）

极其精致细腻的设计，秉持着高级定制服的精神。

巴黎：10, rue Royale, 8e
Tel. + 33 (0)1 42 60 59 74
www.lachaume-fleurs.com

### Moulié（茉莉）

纯正的法式传统花艺。Moulié 是政府内阁、大使馆和服装设计大师的花卉供应商，在业界名气响亮。

巴黎：8, place du Palais-Bourbon, 7e
Tel. + 33 (0)1 45 51 78 43
www.mouliefleurs.com

### Odorantes（香）

超级摩登花艺的代表。吸引人气的特色在于该店采用黑色包装元素，顿时为新鲜的花卉带来深度与个性。

巴黎：9, rue Madame, 6e
Tel. + 33 (0)1 42 84 03 00
www.odorantes-paris.com

### Roses Costes Dani Roses（丹妮玫瑰）

店里出售的既高雅又特别的玫瑰，是由令人激赏的艺术家，也是地道的巴黎女人丹妮亲自打造。

巴黎：239, rue Saint-Honoré, 1er
Tel. + 33 (0)1 42 44 50 09

# 4. 开动！

说到巴黎，就不可能不联想到美食——无论是法棍面包，还是顶极全餐。从小酒馆到明星大厨坐镇的米其林圣殿，花都巴黎就是很擅长喂饱你。咖啡馆肩并肩排排站在街上，亮出它们可爱的露台，为人们提供最理想的聚会地点，可以在早上喝杯咖啡，或在傍晚时来点儿开胃点心。接下来为大家介绍一些深得我心的巴黎餐馆。

# 巴黎
# 经典餐馆

巴黎精神，尽现于此！

虽然巴黎女人常吃寿司，一如《欲望都市》（*Sex and the City*）中出现的场景，但是当要和朋友一起喝咖啡聊八卦时，一定就是来这种小酒馆和餐厅。

# Le Café de Flore（花神餐厅）

## 花神精神

把Le Café de Flore和巴黎画上等号，丝毫不为过。它同时也是圣日耳曼-德佩区的核心，一个精神指标，令人联想起让·保罗·萨特、弗朗索瓦丝·萨冈、鲍里斯·维安、迈尔斯·戴维斯等存在主义者，特别是一种反叛、煽动、欢乐、慷慨而且打破传统规范的法国精神。这里通常是左派学者的集会场所，一如它所处的河左岸位置。

## 花神相对论

* 你可以为自己选一个安静的角落（特别是二楼），但可能会遇上一堆熟面孔。

* 这是个时髦的地方，却有着复古的装潢。

* 这是家餐厅，却可以只来喝杯咖啡。

* 这里气氛热络，但空间宽敞。

* 这里不墨守成规，本身却是个经典。

* 你会在此遇见作家约恩·森普鲁姆、导演斯皮尔伯格和索菲亚·科波拉，或律师兼前部长乔治·基耶日曼，但这里也穿梭着时尚人士和……我。

## 名模悄悄话

上一场花神文学奖（Prix de Flore）晚宴你去了吗？你没获邀参加？真是太可惜了！

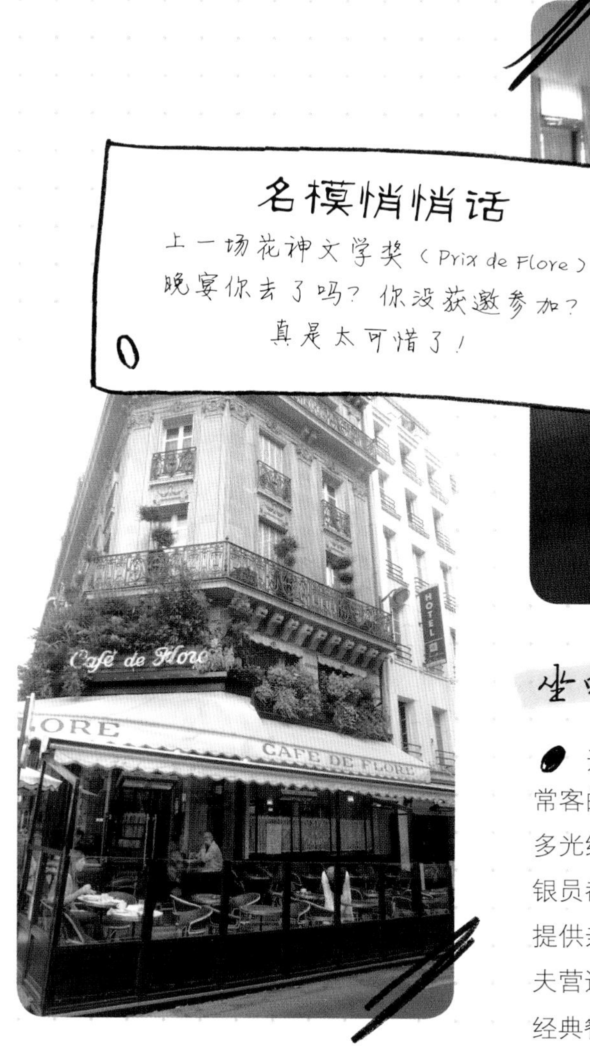


## 坐哪里？

进去后左转、靠近柜台的地方，是常客的地盘。如果想拥有些许宁静和更多光线，就上楼。无论你坐在哪里，收银员都以友善的眼神关注全场，服务生提供亲切且风趣的服务，老板米罗斯拉夫营造出非常愉悦的气氛。开动！巴黎经典餐厅。

## 何时去？

除了平日去吃午餐外，当无法确定赴约人数时，这里也不失为一处理想的聚会场所。适合中午和密友共进午餐，或者晚上和恋人或朋友们共享晚餐……总之，你这辈子都可以与花神共舞！

## 点什么？

* Colette 色拉（搭配葡萄柚、莴苣心和酪梨）。

* 半熟炒蛋。

* Welsh Rarebit（以切达奶酪、啤酒和吐司为食材的特色菜）能马上消除饥饿感，并维持长时间的饱足。

* Le Flore（自家烤火腿奶酪三明治）。

* 四季豆色拉（看起来很普通，但四季豆香而脆，口感满分）。

* 漂着一层尚蒂伊甜奶油的热巧克力或烈日（Liégeois）巧克力。

## 穿衣法则

→ 必须遵守河左岸的自在优雅风格（例如：牛仔裤、西装外套搭配平底轻便女鞋）。一个小建议：千万别穿红色（软垫长椅的颜色），否则没人看得见你。

巴黎：172, boulevard Saint-Germain, 6e
Tel. +33 (0)1 45 48 55 26
营业时间：每日 7:00 ~次日 2:00
www.cafedeflore.fr

# Café Trama（特拉马咖啡馆）

名模悄悄话

这里的服务员都值得我们一来再来。

## 不可不知

我被这家餐厅里小酒馆的气氛所吸引。它提供诸如酱猪肉、法国传统牛肉泥和蔬菜牛肉浓汤等菜品。这里有一个加分项：你可以带孩子来用餐，他们在这儿也是受欢迎的。

## 布置

地道的 20 世纪 50 年代巴黎风和现代风的混搭。

## 必点推荐

咬先生（加了松露盐的经典法式三明治）。

巴黎：83, rue du Cherche-Midi, 6e

Tel. +33 (0)1 45 48 33 71

# Chez Paul

（谢兹·保罗餐厅）

## 名模悄悄话

法国知名歌手
伊夫·蒙唐就住附近，
他已经把这儿当自己家了。

## 不可不知

● 坐落于非常可爱的多芬广场（place Dauphine）上，是家典型的以剧场风格装饰的餐厅。

## 布置

● 当然是经典重现：拱顶地窖和外露的砖石墙，它是老巴黎酒馆的精华。

## 必点推荐

✱ 略甜且咸的薄片鸭肉。

巴黎：15, place Dauphine, 1er
Tel. +33 (0)1 43 54 21 48

# La Closerie des Lilas

（丁香园餐厅）

海明威创作《太阳照常升起》（The Sun also Rises）时，常到这里。我的直觉告诉我，他点的是蜂蜜焦糖肋排。

正式用餐区非常优雅，小酒馆区更讨喜。一旦选定餐厅推荐的带壳海鲜并要求去壳后，我会到小酒馆去享用。

## 布置

皮制软垫长椅、深色木桌、来访名人留下印记的坐垫，还有巴黎式的热情。

## 必点推荐

鞑靼生牛肉是该餐厅的必尝美食，但所有其他料理也都非常美味！

巴黎：171, boulevard du Montparnasse, 6$^{e}$
Tel. + 33 (0)1 40 51 34 50

# La Fontaine de Mars

（火星的拉封丹餐厅）

## 名模悄悄话

我要点跟美国第一夫人米歇尔·奥巴马之前来这里时一样的东西！

## 不可不知

人们喜欢在天气晴朗时，来这家小酒馆享受它的露天座位。

## 布置

红白方格桌布、1900年的地砖、身着同时期复古围裙的服务生，这就是巴黎！

## 必点推荐

每天都提供一道不同的“今日主菜”，周五是农场烤鸡佐土豆泥。单点菜单里，我大推蜗牛和非常好吃的鸭胸肉。

巴黎：129, rue Saint-Dominique, 7e
Tel. +33 (0)1 47 05 46 44
www.fontainedemars.com

# Cafés de l'Industrie

（咖啡工业餐厅）

## 不可不知

Cafés de l'Industrie分成3个地点、坐落于同一条街的两侧。值得拜访的是位于16号的那家（3家中最大的一家）。

## 布置

装饰大量木结构、赭色墙壁和黑白照片的殖民式风格，洋溢着一种非常舒适的气氛，尤其是在入夜后。若你想让来访的纽约友人留下难忘回忆，这会是个好地方。

## 必点推荐

色拉、超薄生牛肉片、传统法式料理，以及一堆每天写在黑板上的好东西。

巴黎：16, rue Saint-Sabin, 11e
Tel. + 33 (0)1 47 00 13 53

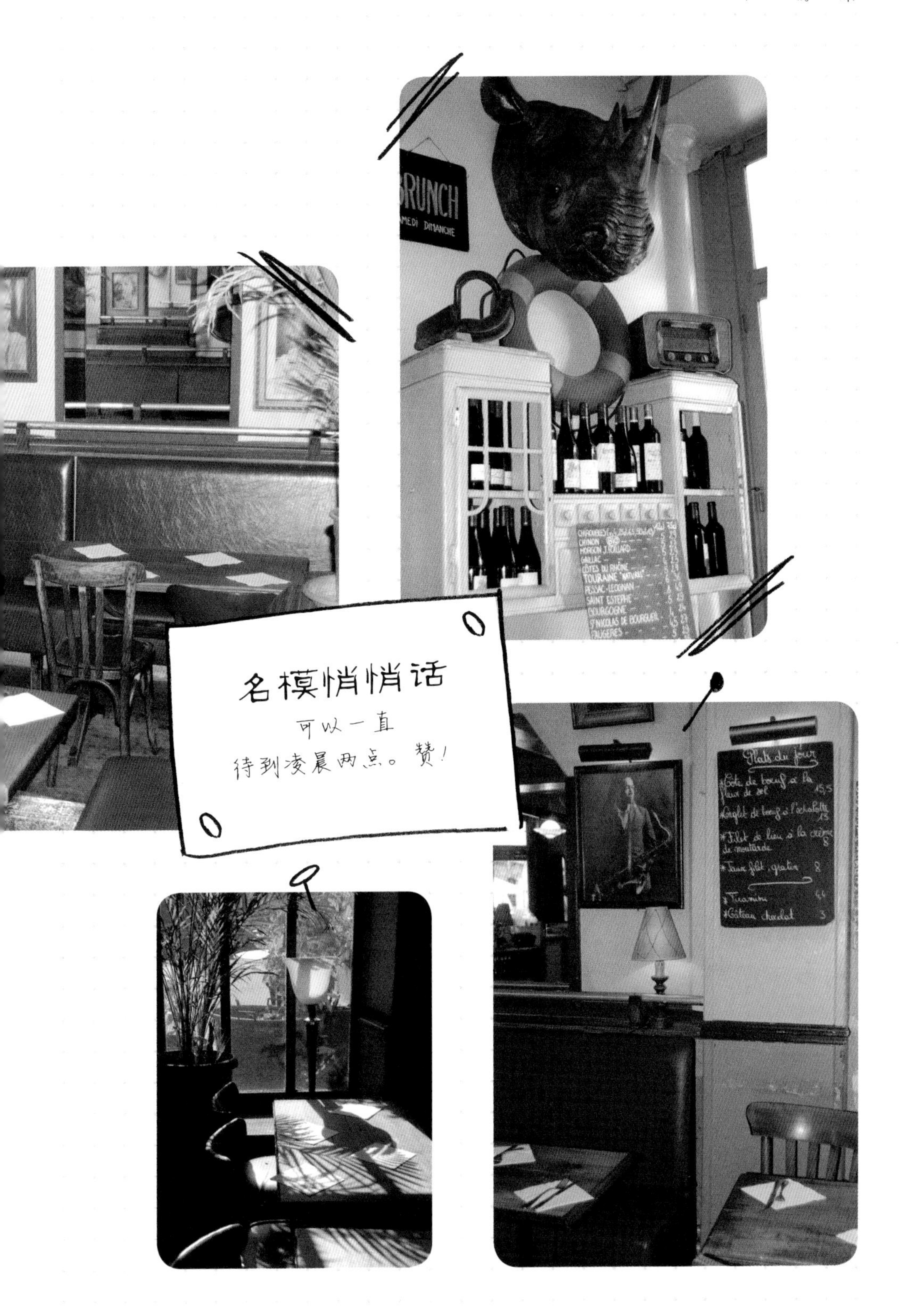
BRUNCH
SAMEDI DIMANCHE
名模悄悄话
可以一直
待到凌晨两点。赞！
Plats du jour

# Racines（拉西内餐厅）

名模悄悄话

真是间棒呆了的“美食餐馆”①！

① 某些人或许对“美食餐馆”（bistronomique）这个名词感到陌生，它指的是新一代提供创意料理的小酒馆，它们类似于高级餐厅，但价格合理。

## 不可不知

由于餐厅面积不大、常客舍不得离开，再加上老板每天最多只接待 30 桌的客人，因此千万要预约。

## 布置

小酒馆内桌椅相邻，满墙陈列着出售的葡萄酒。这小酒馆位于漂亮的全景廊街，拱廊下蕴藏了全巴黎的灵魂。

## 必点推荐

黑板上的菜单每日更换，食材品质无懈可击。肥美小母鸡佐春日蔬菜，绝对会让你魂牵梦萦。别忘了：美酒也是人们拜访此地的原因。

巴黎：8, passage des Panoramas, 2e
Tel. +33 (0)1 40 13 06 41

# Au bon Saint-Pourçain

（在美好的圣普尔卡安）

## 不可不知

这条靠近圣叙尔皮斯教堂的街道非常迷人且独特，但就算把它搬离这里，还是很引人注目。

## 布置

户外桌上铺着红白方格桌布，室内窗帘装饰着白色的滚边。无论把这家餐厅放在世界上的哪个角落，都会有人说："这是家法国餐厅！"

## 必点推荐

这餐厅提供所谓的"中产阶级料理"：酸醋韭葱、陶罐鸭、羔羊腿和蘑菇鸡肉；更别错过酸豆美乃滋小牛头肉冻，还有 Saint-Pourçain 的葡萄酒。

巴黎：10 bis, rue Servandoni, 6e
Tel. +33 (0)1 43 54 93 63

# Le Café de l'Odéon（奥德翁咖啡厅）

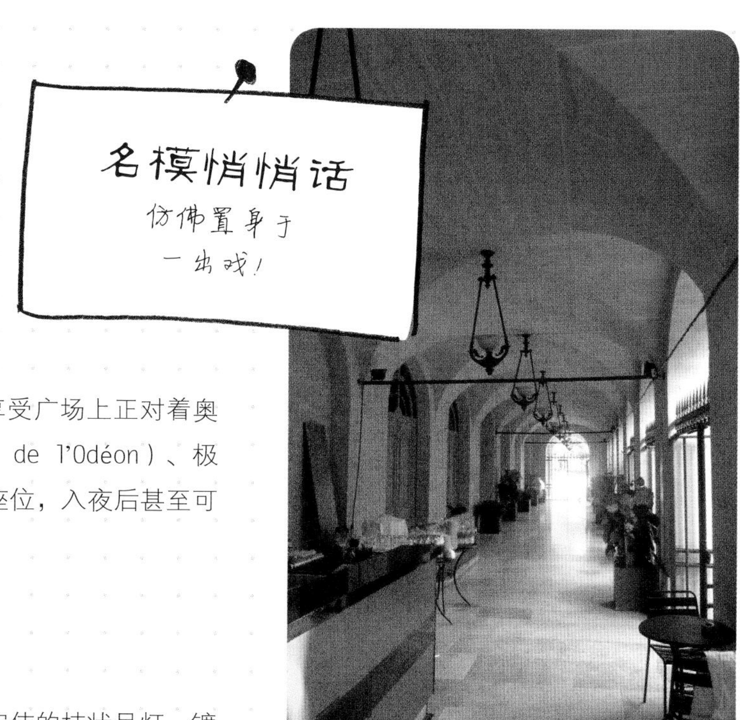


## 不可不知

5月开始就能享受广场上正对着奥德翁剧院（Théâtre de l'Odéon）、极其赏心悦目的露天座位，入夜后甚至可以在此享用晚餐。

## 布置

大理石圆柱、宏伟的枝状吊灯、镀金镜子以及古老的雕像，让空间充满戏剧性。相形之下，露天座位显得寒酸，却能拥有巴黎的天空！

## 必点推荐

牛里脊肉。

巴黎：Place du Théâtre de l'Odéon, 6e
Tel. +33 (0)1 44 85 41 30
www.cafedelodeon.com

## L'Écume Saint-Honoré
（圣-奥诺雷酒馆）

### 不可不知

L'Ecume Saint-Honoré 原先是一家鱼铺，后来发展成生蚝酒馆。

### 布置

彩绘蓝天、云朵和海鸥的天花板勾勒出海洋风情，并以海鸥叫声为背景音乐。

### 必点推荐

如果你打算来份牛排，马上会有人告诉你："你走错地方了……"到这里，就该点贝类和带壳海鲜。

巴黎：6, rue du Marché-Saint-Honoré, 1er
Tel. +33 (0)1 42 61 93 87

## Chez Georges
（谢兹·乔治餐厅）

名模悄悄话
在蓬皮杜顶楼
也有一家名叫 Georges 的餐厅，
那家也很不错，
坐着就可以饱览巴黎市全景，
甚至不用转头，
埃菲尔铁塔就在你眼前呢！

### 不可不知

这里什么都没变，就连菜单也不例外：烤小香肠、芹菜佐蛋黄酱、油渍鲱鱼土豆和夹心巧克力酥球，能随时吃到这些东西，真开心！

### 布置

这家美好年代（Belle Epoque）风格的酒馆，虽然长期以来维持不变，却保留了深受人们喜爱的老巴黎式优雅精神。

### 必点推荐

经典的 pavé du Mail—— 搭配薯条的胡椒牛肉片。

巴黎：1, rue du Mail, 2e
Tel. +33 (0)1 42 60 07 11

# Le Salon du Cinéma du Panthéon（沙龙影院附设餐厅）

## 不可不知

位于巴黎一家最古老的电影院一楼，是个适合和朋友共进午餐或喝杯茶的好地方（营业至晚上 7 点）。

## 布置

凯瑟琳·德纳芙和杰出室内设计师克里斯蒂安·萨佩特以舒适的大沙发、矮桌和装饰灯，联手打造这片占地 150 平方米的空间。待在这里实在太舒服了，让人舍不得离开。你可以在此度过一整个下午，尤其是在阳台座位上！

## 必点推荐

色拉、伊比利猪肉食品、鲑鱼，既新鲜又美味。

巴黎：13, rue Victor Cousin, 6e
Tel. + 33 (0)1 56 24 88 80

看看你后面，
是凯瑟琳·德纳芙。

# 热门潮店

巴黎也有一些发烧的特色餐厅，让所有时尚人士趋之若鹜。这些地方必须预约，某些餐厅甚至和 It bag 一样，有张长长的等候名单！

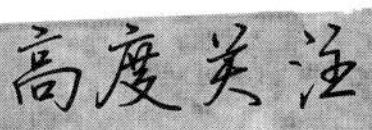


## La Société（拉索希耶特餐厅）

面对着圣日耳曼-德佩教堂、隐身于一扇大到足以通车的巨门后方，这家餐厅（由莱斯·科斯特经营的）有点儿不亲切，传言它不太喜欢出现在旅游指南上。由室内设计师克里斯蒂安·利艾格尔装饰，La Société 展现强烈的“新河左岸”风格——极简，正如该餐厅一向供应的流行食物般毫不啰唆。在此品尝法式鞑靼生牛肉，你将正式晋身为巴黎客！

巴黎：4, place Saint-Germain, 6e
Tel. +33 (0)1 53 63 60 60

无肉不欢

## Unico（优尼克餐厅）

这家位于11区中心的阿根廷餐厅，总是人声鼎沸，显然是老板握有无懈可击的配方。Unico 保留了 20 世纪 70 年代的肉铺装潢（色调橘黄！），可以吃到直接从阿根廷大草原进口、香味四溢且入口即化的牛肉，更别说绝不能错过的焦糖奶酱香蕉。来这里就别想减肥，开心尖叫吧！

巴黎：15, rue Paul Bert, 11e
Tel. +33 (0)1 43 67 68 08
10, rue Amélie, 7e
Tel. +33 (0)1 45 51 83 65
www.resto-unico.com

## 超新式料理

### Le Chateaubriand

（夏多布里昂餐厅）

巴黎女人都在 Le Chateaubriand 吃过晚餐！她们为神秘的巴斯克主厨印支·艾兹皮拉特神魂颠倒，但她们更爱他充满创意（但可能不是大众口味）的料理。在此可以品尝到许多奇特的菜式，比如沙丁鱼佐沙丁鱼肝以及淋上咖啡油的生牛肝菌等，非常好吃。印支以一种非常“新巴黎”式的精神，在料理上大玩冲突与大胆混搭的手法。这家酒馆未加修饰的装潢也很成功，证明如果想吃一顿美味佳肴，不必想太多！

巴黎：129, avenue Parmentier, 11e
Tel. +33 (0)1 43 57 45 95

## 最有范儿

### Le Baratin（乐巴拉廷餐厅）

这家餐厅开幕已久，但始终都很有范儿。工作人员非常友善，食物也相当美味。我在这里吃到过令人惊艳的鞑靼生金枪鱼肉佐樱桃，还有淋上异国风味酱汁的牛前臀肉，值得你移驾前往 20 区。好吃，去就对了！

巴黎：3, rue Jouye-Rouve, 20e
Tel. +33 (0)1 43 49 39 70

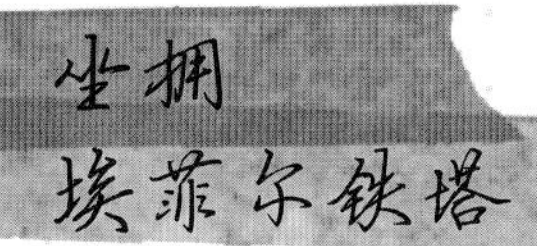

## Le Café de l'Homme（伊洪咖啡厅）

拥有欣赏埃菲尔铁塔的最佳视野。这家咖啡馆夏天时的露天座位，是必带外地来访友人共进晚餐的地点之一，也是适合求婚的好地方。香煎鹅肝、迷你韭葱、Granny Smith 青苹果乳、酱烧金枪鱼块、奶酪蛋糕和白奶酪冰激凌，口味现代。非常适合欣赏风景！

巴黎：17, place du Trocadéro, 16e
Tel. +33 (0)1 44 05 30 15
www.restaurant-cafedelhomme.com

cru
bar à vin

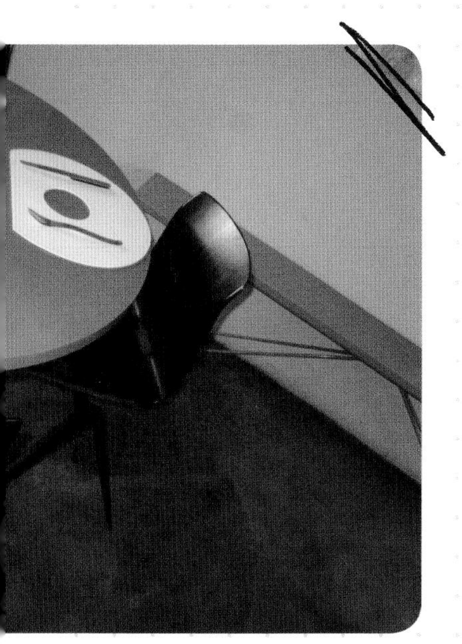

## 当代优雅

### Cru（生料餐厅）

恰如其名，这是个生肉天堂（狂推三方大拼盘）！除了招牌的超薄生牛肉片，也有（光说说都让人垂涎三尺的）罗勒烤鲷鱼等熟食。这家餐厅和它的主人马里耶·斯坦伯格一样可口，从装潢开始（去洗手间逛逛，非常有趣！）就洋溢着优雅的品位。小庭院在夏天时特别受欢迎，服务也很亲切。老实说，我可以每天都在这里吃午餐，周日时再和孩子们一起来吃早午餐。交给 Cru 就对了！

巴黎：7, rue Charlemagne, 4e
Tel. +33 (0)1 40 27 81 84
www.restaurantcru.fr

# 血拼伴美食

巴黎女人或许穿S号的衣服(其实我真的也认识穿M号的),却不代表她会为了疯狂购物而省略午餐。停下来啃些色拉,也是这场“血拼圣战”中的一环!

## Bread & Roses

（面包与玫瑰餐厅）

第 6 区里也有家 Bread & Roses（7, rue de Fleurus），2010 年初，我的办公室旁开了这家分店后，它自然就列入我的光顾名单。法式咸派、新鲜山羊奶酪面包、意大利白干酪佐西红柿千层塔，以及午间色拉都很美味，有机全麦面包更是好吃得不得了，更别说甜点了。如果想在办公室里享用有机面包，不妨拜访最里面的面包柜台。

巴黎：25, rue Boissy d'Anglas, 8e
Tel. +33 (0)1 47 42 40 00
www.breadandroses.fr

## Emporio Armani Caffè

（阿玛尼咖啡厅）

位于 Armani（阿玛尼）精品店之上，另设露天座位。风格就像意大利设计品牌般优雅，在这里可以吃到全巴黎最棒的小牛肉佐金枪鱼酱。

巴黎：149, boulevard Saint-Germain, 6e
Tel. +33 (0)1 45 48 62 15

## Jour（茹尔餐厅）

客制化色拉的圣殿，顾客自行选择生菜、配料与酱汁。6 种生菜、42 种配料和 8 种酱汁，可衍生 365 种每日不同的创意色拉。逛街购物前先上网查询，全巴黎约有 10 家分店！

巴黎：13, boulevard Malesherbes, 8e
Tel. +33 (0)1 44 56 06 24
www.jour.fr

## Ralph's

（拉尔夫餐厅）

拉尔夫·劳伦在巴黎河左岸精挑细选了个好位置，来设立欧洲最大的旗舰店。于是这幢 17 世纪的宅邸，献身给了美国休闲时尚之王。其中最迷人的地方，就在 Ralph's 餐厅枝叶扶疏的中庭。无论是蟹肉饼还是汉堡，尽管置身巴黎，嘴里尝到的却是美式风味——法国女人特喜欢时空旅行。

巴黎：173, boulevard Saint-Germain, 6e
Tel. +33 (0)1 44 77 76 00
www.ralphlauren.com

## Cojean（科让快餐店）

三明治也可以很健康！这家有益健康的快餐店，供应迷你奶油面包三明治。汤品完全取材自蔬菜，法式咸派也格外新鲜，一整天都能喝到现榨果汁或果昔！

巴黎：6, rue de Sèze, 9$^{e}$
Tel. +33 (0)1 40 06 08 80
www.cojean.fr

## Rose Bakery

（玫瑰面包店）

如果你没去过，会有点儿难找，但绝对值得花这个力气。Rose 同时是杂货店、吃午餐的地方、也是茶馆，充斥着回归自然的气氛，主打天然新鲜的有机食品。蛋糕、果汁、色拉……宠爱自己准没错！

巴黎：46, rue des Martyrs, 9$^{e}$
Tel. +33 (0)1 42 82 12 80

## Le Water Bar de Colette（科莱特水吧）

Colette 是巴黎女人逛街路线上的必经之地。在店里快速更新最新流行趋势后，她会前往地下室享用午餐，让厉害的主厨为她准备素千层面和甜点等"潮食"，再佐以最新款的设计师矿泉水。在短短的午餐时光中，直奔流行前线。

巴黎：213, rue Saint-Honoré, 1$^{er}$
Tel. +33 (0)1 55 35 33 93
www.colette.fr

# 5. 晚安巴黎

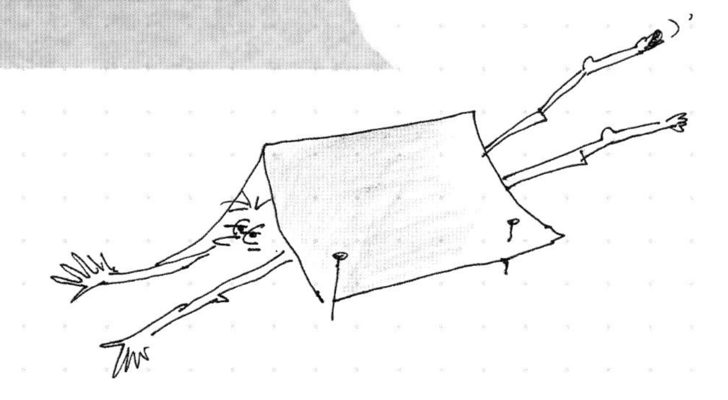

在巴黎，该去哪里过夜？豪华饭店当然是个好答案，很少人会在下榻雅典娜广场饭店（Plaza Athénée）或丽兹饭店后感到失望！但如果想试试漂亮的小旅馆，巴黎也有不少选择。就让我来介绍一些地点、服务都绝佳的精致旅馆吧。

## 乡村魅力

# Hôtel des Grandes Écoles

（格兰德埃科勒旅馆）

### 名模悄悄话

这里没有电视，
然而，
院子里鸟鸣啾啾！

### 环境

✱ 坐落于第 5 区，却让人恍如置身郊外。这家旅馆有着法式乡间小屋的外观，不但非常静谧同时也环绕着绿意。天气晴朗时，房客可在树荫下享用早餐。适合想在市区活动，却希望在乡间入眠的人。

### 布置

✱ 碎花壁纸、钩针织品以及外露的木作，这家旅馆和现代的设计风格完全沾不上边。

巴黎：75, rue Cardinal-Lemoine, 5e
Tel. +33 (0)1 43 26 79 23
**每晚房价 115€ 起**
www.hotel-grandes-ecoles.com

## 经典魅力

# Hôtel de l'Abbaye Saint-Germain

（圣日耳曼修道院酒店）

### 环境

非常宁静。这家旅馆可以说是巴黎精品旅馆之一，却不算特别昂贵。位于圣日耳曼－德佩区，是时尚爱好者的首选，因为从这儿到血拼战场只需要几分钟。夏天可在绿意盎然的庭院里，边聆听泉水声边享用早餐。

### 布置

花朵或条纹的壁纸、巨大的漆金木镜、与灯罩配套的床头装饰、还有大理石浴室—— 100% 经典。

巴黎：10, rue Cassette, 6e
Tel. +33 (0)1 45 44 38 11
**每晚房价 260€ 起（网络预约价 240€）**
www.hotelabbayeparis.com

## 就要河左岸

# L'Hôtel（埃厄酒店）

**名模悄悄话**

大文豪奥斯卡·王尔德
喜欢这个地方，
相信你也会喜欢！

### 环境

L'Hôtel蕴涵着浓厚独特的历史气息，前身为玛戈皇后（Reine Margot）故居的一部分，自从最近重新整修后，已成为时尚人士最爱的地点。别错过就叫“Le Restaurant”的餐厅，以及坐落于穹顶下、房客专属的游泳池。

### 布置

L'Hôtel最大的套房，由雅克·加西亚操刀设计，采用大量红丝绒、古董家具、流苏灯罩和镀金落地灯、彩绘壁纸以及昂贵的织品——饱览巴黎夜景的露台更是极品。

巴黎：13, rue des Beaux-Arts, 6e
Tel. +33 (0)1 44 41 99 00
**每晚房价 255€ 起**
www.l-hotel.com

## 蒙马特魅力

# Hôtel Particulier

（帕蒂库拉酒店）

### 名模悄悄话

要到花园里喝开胃酒？
还是到 Café des 2 Moulins
（穆兰，15, rue Lepic, 18e）
假扮埃米莉？

### 环境

尽管我对河左岸情有独钟，但对蒙马特的魅力却缺乏领悟力。Hôtel Particulier 位于一条名为“女巫岩”（Rocher-de-la-Sorcière）的神秘通道中（进去前得先出示是“自己人”的证明），这栋督政府时代风格的豪宅，绝对能掳获时尚爱好者的心。旅馆只有 5 间面对漂亮花园的套房，当然非常安静。

巴黎：23, avenue Junot, Pavillon D, 18e
Tel. +33 (0) 1 53 41 81 40
**每晚房价 290€ 起**
**某些时期另有价格优惠**
www.hotel-particulier-montmartre.com

### 布置

想象一栋房子，里头穿插着风格各异的房间！这家旅馆由摩根·鲁索（Morgane Rousseau）设计，还有多位艺术家大力相助。成果五花八门，非常出色：黑色浴缸引人注目地摆在“阁楼”（Loft）套房里，“植物”（Végétale）套房中的印花壁纸给人置身花园的印象，“诗与帽”（Poèmes et Chapeaux）套房白墙上的灯，头戴黑色圆顶礼帽形状的灯罩。

## 第二个家

# Hôtel Recamier

（里卡米尔酒店）

> **名模悄悄话**
> 别向别人透露这个地址，
> 尽量保守秘密——
> 毕竟它只有24个房间！

### 环境

✱ 2009年时重新整修后，马上成为街头巷尾的热门话题，如今看来就像一栋漂亮的私人住宅，重现了19世纪40年代的低调奢华，除了地点完美（位于圣叙尔皮斯教堂旁），接待更是热情友善。

### 布置

✱ 每个楼层都有专属颜色，每个房间都独树一帜。有的是厚绒毛条纹地毯，搭配天然纤维材质的彩色壁布（我超爱），有的则是方格纹状床头装饰，结合十字图案的织品。浴室采用Fragonard（花宫娜）的美妆用品，光是这点就是一个巨大的诱因！

巴黎：3 bis, place Saint-Sulpice, 6e
Tel. +33 (0)1 43 26 04 89
每晚房价250€起
www.hotelrecamier.com

## 和孩子一起放轻松

# Hôtel Bel Ami

（贝尔阿米酒店）

### 环境

设计密度很高，却透露着悠闲的气氛。尤其是在接待小朋友方面：他们不但可以睡在与父母客房相通的隔壁房间，旅馆也特别为这些重要的小客人们，准备了绒毛熊、涂写本和彩色蜡笔、儿童餐以及大小孩的计算机游戏。定期举办的爵士音乐会深受欢迎，常吸引老顾客回流，旅馆附设的水疗馆，也同样在爱美一族中获得极高的评价。

### 布置

实心橡木家具、略深的自然色调、浴室里的漆器……风格悠闲雅致。每间客房各拥主题色系：肉桂红、茴香褐、洋茴香绿或柑橘橙。

巴黎：7–11, rue Saint-Benoît, 6e
Tel. +33 (0)1 42 61 53 53
**每晚房价 250€ 起**
www.hotelbelami.fr

## 重返美好年代

# Le Régina

（雷吉娜酒店）

名模悄悄话

这是个不必担心和爱人约会时会撞上熟人的地方，因为从没有人想过到此喝一杯！

### 环境

它是最能代表美好年代精神的巴黎豪华大饭店之一。尽管确实有不少游客为了它柔软的床铺而来，但巴黎女人喜欢的是隐密的英国酒吧（Bar Anglais），或是那家在枝叶茂密的中庭里，拥有一小片露天座位的餐厅。

巴黎：2, place des Pyramides, 1er
Tel. +33 (0)1 42 60 31 10
每晚房价 375€ 起
www.regina-hotel.com

### 布置

饭店内的一切，看起来都和 1900 年开业时没有两样。这家距离卢浮宫不过几步之遥的饭店，想必能让下榻于此的外国游客，深觉置身于一处非常法式的角落。大理石地砖、红丝绒扶手椅、枝状吊灯和大帷幔……这些都是老巴黎的奢华排场，从未消减过丝毫的魅力。如果从附近设计感超强的 Colette 回来，那还真像是展开了一趟时空之旅！

## 低调奢华

# Hôtel Villa Madame

（维拉夫人酒店）

**名模悄悄话**

优雅与舒适，
一次拥有！

### 环境

* 一种低调的奢华，一个隐密的地方，在第 6 区中一条非常迷人的路上，展现着当代的优雅。旅馆中的小花园，又另有一番风情。

### 布置

* 浅色木头、异国风情的装饰，以及浅褐、红棕、白、淡紫等色调，勾勒出看似平常却有几分暖意的风格。某些客房拥有俯瞰巴黎的阳台，别忘了事先要求。

巴黎：44, rue Madame, 6e
Tel. +33 (0)1 45 48 02 81
**优惠房价每晚 192€ 起**
www.hotelvillamadameparis.com

## 就爱住旅馆

和爱人共度一段美好时光
L'Hôtel Amour（阿穆尔酒店）
巴黎：8, rue Navarin, 9e
Tel. +33 (0)1 48 78 31 80
双人房每晚价格 150€ 起
www.hotelamourparis.fr

想在孚日广场（place des Vosges）上苏醒
Le Pavillon de la Reine（德拉瑞恩酒店）
巴黎：28, place des Vosges, 3e
Tel. +33 (0)1 40 29 19 19
双人房每晚价格 330€ 起
www.pavillon-de-la-reine.com

轻松没负担
Hôtel Sainte-Beuve（圣伯夫酒店）
巴黎：9, rue Sainte-Beuve, 6e
Tel. +33 (0)1 45 48 20 07
双人房每晚价格 130€ 起
www.hotelsaintebeuveparis.com

notes

notes

notes

## 伊娜（Ines）的致谢

宁讷，谢谢你的美丽，也谢谢你在帮老妈的时候，没有像青少年一样情绪失控。

埃里克·沙莱斯，谢谢你技术高超又泰然自若地载我们穿梭巴黎。

弗朗索瓦，谢谢你慷慨出借餐厅Chartreux，作为制作本书的指挥总部。

祖赫拉，谢谢你努力加班，让妈妈们（我与索菲）能出门当时尚巴黎人。

维奥莱特，谢谢你自己一个人写好功课，还得到老师的赞美和第 6 名。

丹尼斯，谢谢你在深夜提醒我关掉电脑去休息。

阿梅勒，谢谢你是我们的大脑神经指挥中心，帮忙记得所有我们几乎忘记的地址。

卡蒂亚和瓦伦丁，因为你们，我们才没有白头发，也谢谢你们一直都没有大头症。

特蕾莎，办公室的清洁人员，谢谢你们，抱歉我们带来一堆衣服拍照，却没有恢复原状。

图利亚，谢谢你的包容，让我们使用放在你办公室旁的很吵的复印机，复印上千张照片。

丁凯和阿辽莎，你们每天的散步路线，都被这本书的内容左右。（但至少我没带你们去动物医院！）

厉害的书商，谢谢你们说服读者买下这本好看的书。

优秀的记者，谢谢你们大力赞赏本书（信封就要寄出了……）。

## 索菲（Sophie）的致谢

感谢帕斯卡莱与萨瓦的指导。

感谢圣地亚哥与索莱达找来仿佛拥有魔法的优秀美术编辑。

谢谢让娜的“巴黎”风格。

感谢达芙妮总能保持专注。

感谢韦罗妮克、纳塔莉、埃兰、菲洛梅纳与沙尔法蒂包容我几乎总是迟交稿，因为这本书我跑遍了巴黎。（但瓦莱丽鼓励我这样做！）

斯特凡娜与卡罗琳，抱歉没参加你们的婚礼，都怪那个周末才上班的模特儿。

塞德里、阿拉米与西恩纳，感谢你们的耐心，没有我的帮忙，你们仍然完成了任务。

感谢苏济……因为大家都知道，真正的巴黎人永远不死。

感谢 APC、Balenciaga、Chanel、Claudie Pierlot、Dior Homme、Éric Bompard、G. H. Bass、La Bagagerie、Notify、Persol 与 RogerVivier，协助宁讷在本书中的造型（请见 PART 1）。